微塑料污染研究前沿丛书 第一辑

塑料垃圾漂浮筏

一次海洋航行和一场抗击塑料污染的浪潮涌起

[美] 马库斯·埃里克森 Marcus Eriksen / 著

蒋南青　范纹嘉　曹巧红 等 / 译

JUNK RAFT

AN OCEAN VOYAGE AND A RISING TIDE OF ACTIVISM TO FIGHT PLASTIC POLLUTION

中国环境出版集团 · 北京

图书在版编目（CIP）数据

塑料垃圾漂浮筏：一次海洋航行和一场抗击塑料污染的浪潮涌起 /（美）马库斯·埃里克森（Marcus Eriksen）著；蒋南青等译 . —北京：中国环境出版集团，2021. 3
（微塑料污染研究前沿丛书）
书名原文：Junk Raft: An Ocean Voyage and a Rising Tide of Activism to Fight Plastic Pollution
ISBN 978-7-5111-4438-6

Ⅰ. ①塑…　Ⅱ. ①马…　②蒋…　Ⅲ. ①海洋环境—塑料垃圾—垃圾处理　Ⅳ. ① X705

中国版本图书馆 CIP 数据核字（2020）第 173089 号

著作权合同登记：图字 01-2018-3443 号

出 版 人　武德凯
责任编辑　宋慧敏
责任校对　任　丽
封面设计　彭　杉

出版发行　中国环境出版集团
（100062　北京市东城区广渠门内大街 16 号）
网　　址：http：//www.cesp.com.cn
电子邮箱：bjgl@cesp.com.cn
联系电话：010-67112765（编辑管理部）
发行热线：010-67125803，010-67113405（传真）
印　　刷　北京中科印刷有限公司
经　　销　各地新华书店
版　　次　2021 年 3 月第 1 版
印　　次　2021 年 3 月第 1 次印刷
开　　本　787 × 960　1/16
印　　张　13
字　　数　208 千字
定　　价　58.00 元

中国环境出版集团郑重承诺：

中国环境出版集团合作的印刷单位、材料单位均具有中国环境标志产品认证；
中国环境出版集团所有图书“禁塑”。

译者序

全球对关注塑料污染的呼声高涨，但在我国，这方面的专业书籍还很缺乏。

所以当接到中国环境出版集团编辑关于翻译 *Junk Raft* 这本书的邀请时，我欣然接受，一是因为我之前在联合国环境规划署工作了 10 年，翻译过多本环境规划署的报告；二是作为塑料循环再生的行业分会，我们有责任和义务把这本书翻译成中文。

这本书的出版的确是非常有意义的，正值塑料垃圾问题倍受公众关注，但很少有人能全面解读。自 2016 年英国艾伦·麦克阿瑟基金会（Ellen MacArthur Foundation）出版《新塑料经济——重新思考塑料的未来》以来，“循环经济”（circular economy）的思想得到越来越充分的验证，其作为解决塑料回收再生的根本路径，让塑料的供应链形成闭环，能从根本上改变我们常规的生产和消费的线性经济模式，是对社会治理的巨大挑战。我国于 2017 年 7 月发布的《禁止洋垃圾入境推进固体废物进口管理制度改革实施方案》加快了塑料废弃物管理的全球进程。2019 年 5 月，《控制危险废物越境转移及其处置巴塞尔公约》通过修订案，把废塑料纳入跨境转移清单，以控制塑料跨境转移。这标志着全球性废塑料贸易的终结。2019 年和 2020 年，我国政府相继发布了众多关于应对塑料污染的政策和行动计划，特别是 2020 年 1 月发布的《国家发展改革委　生态环境部关于进一步加强塑料污染治理的意见》（发改环资〔2020〕80 号）。《中华人民共和国固体废物污染环境防治法》由十三届全国人大常委会第十七次会议修订通过，明确提出“国家推行生活垃圾分类制度”。

本书的作者马库斯·埃里克森是一名美国探险家，他参加了海湾战争，亲身体验到战争对环境的破坏。从他的这本既是漂流探险故事、又是闪耀着科学性和思想性的书中，我们如此近距离地接触到海洋塑料垃圾的真相，知道塑料背后这么多的产业博弈、塑料的真实成本，塑料的问题实质上是唤起人类对生存环境的警醒。此外，他自己也在这个过程中从业余人士成为学者，用科研数据说话，并创建了五大流涡研究所（5 Gyre Institute）；他也非常清晰地阐述了在塑料这个庞大的世界里科学、产业、非政府组织的关系，以及如何成为一个真正的不被利益绑架的科学家。

这本书展现了马库斯决定用15 000个废塑料瓶制作漂浮筏去调研海洋塑料的真相的整个曲折过程。著名电影制片人詹姆斯·卡梅伦（James Cameron）评价他是"一个为了我们生存的世界之未来而战的真正勇士"。

他的经历非一般人所能做到，他经历了艰苦的漂流过程，目睹了严重的海洋塑料污染，探讨了生产者责任延伸制，并与美国化学理事会等利益群体斗争，这些经历都在书中跃然纸上。我们看到塑料污染背后的故事不简单，利益链很多，不是光有勇气和喊口号就可以解决的。在整个过程中，他经历了很多的苦难，最后获得了成功，还赢得了爱情和事业伙伴。

我想对读者而言，通过阅读这本书，能够全面了解塑料的产生和背景，正确了解海洋塑料垃圾问题，也会发现这是一本非常好的、有趣的故事书。在塑料问题上，目前还没有书籍能像本书一样如此清楚地描述整个过程，既有文学性、探险性，又有科学性。

本书的翻译得到了众多专业人士和朋友的支持与奉献，以下是参与翻译的人员：第1章为蒋南青，第2~8章为范纹嘉（联合国环境规划署化学品处），第9~13章为曹巧红［帝斯曼（中国）有限公司］，第14章为李翀（中国连锁经营协会），第15章为郑明明、白煜奇、凌可［中国石油大学（华东）］，第16章为潘云澄（北京商道纵横信息科技有限责任公司），开场白、结语、致谢为高扬［正谷（上海）农业发展有限公司］，总校审为蒋南青。

蒋南青
中国合成树脂供销协会塑料循环利用分会秘书长
2019年12月18日

献给我们的阿瓦尼

目 录

开场白

第 4 天：2008 年 6 月 4 日，距出发地 60 mile[①]

凌晨 2 点，圣尼古拉斯岛（San Nicolas Island）附近的风暴

（纬度 33°12′，经度 119°26′）

在黑暗中，又一个浪头猛击过来，打到绑在 15 000 个塑料瓶上面的飞机的舷侧上。我把舱口关上，试图避免脸上溅上更多的水沫。水已涌入胶合板地板下面，钻入电池组中间，渗到我们潮湿的睡袋下。自制的索具发出呜咽声和呼啸声，像是 50 kn 的狂风刮过。一堵水墙吞没了甲板，使挡风玻璃变得模糊不清，弹回的水流从我忘记塞住的洞上一串串地流下来。

"好像不太对劲。"我说。

"我想是飞机刚滑过甲板。"乔尔（Joel）回答道。

在这些黑暗和无穷无尽的数小时里，我们仍然蜷缩在一个相对水平的平面上，至少我们还没有到达翻倾的边缘。我们在圣尼古拉斯岛附近，洛杉矶（Los Angeles）以西 60 mile。我不知道我们是否还在那里。像我一样，乔尔也警醒着，试图保持温暖，紧张到要崩溃。我们随着每一次新的碎裂、低吟或木筏突然的倾斜而跳动。在即将来临的一天的昏暗光线下，我迈步走出去，走进大海。

早在 1 年前，查尔斯·穆尔（Charles Moore）船长在他位于加利福尼亚州长滩（Long Beach，California）的家里举办 60 岁生日聚会，安娜·卡明斯（Anna Cummins）和我在他家的厨房过道上相遇了。金色的秀发在她颈上披散着。那时我并不知道 8 个月后我们将横渡北太平洋，在海洋研究船

① 1 mile=1.609 344 km。——译者

（Oceanographic Research Vessel，ORV）“阿尔基塔”号（Alguita）上研究塑料污染。在那片汪洋中的某个地方，我会爬到折叠的船帆上，请求安娜嫁给我。“但有一件事。”我说，“我想用筏横渡大海。”

我们策划了一个方案，请船员们做志愿者。我勾勒出筏的最终图样。一同参加那次北太平洋研究航行的水手乔尔·帕斯卡尔（Joel Paschal）走上前来说：“这个我喜欢。”就这样，我俩将一起驾驶这艘“垃圾”号航行，这是一艘用塑料瓶做成的筏，甲板是用30根旧帆船的桅杆做成的，客舱是一架塞斯纳310飞机。安娜将是陆上的“任务指挥官”。这次旅程没有马达或支持船只为我们提供浮标，只有我们自己和流向夏威夷（Hawaii）的洋流，模拟垃圾进入海洋流涡的路径，这些巨大的洋流涡旋将垃圾吸入静止的中心。

“垃圾”号将成为安娜和我诸多花费中的第一笔支出。在“垃圾”号航行后的几年里，我们将建立五大流涡研究所，这是一个研究和宣传机构，在世界各地航行，到达所有5个亚热带流涡。在20次超过5万n mile的航行中，我们将邀请大约200名船员，从塑料公司的首席执行官到教育工作者、艺术家、活动家和决策者，帮助解决两个问题：“世界海洋中有多少塑料废弃物？”和“我们能做些什么？”

我们的战斗就是要结束这种丢弃文化。在这个合成的世纪里，科学乘着工业革命的东风，避开了这个问题。“丢弃到哪里去了？”2013年，塑料生产商仅1年的新塑料产量就打破了3亿ton[①]的记录，预计到2050年，年产量将超过10亿ton。行业对塑料的全球解决方案是焚烧，使线性经济永存，从提取到消费，再到破坏。为了保证对新塑料的需求，该行业必须使上一年的塑料废弃。焚烧是“有计划的废弃”，这是20世纪资本主义的核心概念，但如果我们要有健康和公正的存在，这种做法是无法持续的。

自然历史充满了不愉快的结局。作为短命的、短视的、两足的、脑容量大的灵长类动物，我们忙于战争和繁衍，我们冒着消费和人口过剩的风险，

① 1 ton=907.184 74 kg（美制）。——译者

直到我们崩溃。我们这些化石愚人（fossil fool）被驱使去征服全球——在这地质学尺度的一瞬间，就把事情搞得一团糟。

但我抱有极大的希望。我相信，我们拥有集体的智慧和意志，能够克服上个世纪设下的困难。我目睹了一场不断高涨的运动，它将终结这种用完即扔的生活。我们正在为"循环经济"而斗争，在这个循环经济中，除非对环境友好，否则什么也逃不掉。我们所创造的一切都需要零废弃（zero-waste）和全生命周期设计（end-of-life design）；这将是一个社会和环境公平成为产品和系统设计一部分的世界。我们想要一个没有废弃的世界——因为没有"丢弃"（away）。

我们有能力用新观念的全球化改变我们的消费文化，从而取代物质的全球化吗？为了反驳库尔特·冯内古特（Kurt Vonnegut）给人类写的墓志铭——"不错的尝试"——我争辩："还没有试呢。"

又一个浪头猛地撞上了筏。我想象它会散开，滑入大海。我机械地思考着即将来临的灾难时刻。只有几条带子将这架飞机固定在适当的位置上，当机尾像一个浮动的软木塞一样迅速向下旋转时，飞机会掉进水中并漂浮一会儿。当机身充满海水时，地板上松散放置的 400 lb[①] 电池将撞击到乔尔和我身上。它会很快淹没，我们可能永远也找不到。

我把卫星电话从干燥的袋子里拿出来给安娜打电话。

"喂……我们正在下沉。"

① 1 lb=0.453 592 kg。——译者

第 1 章　合成的大海

经济学家对这些成本有一个术语……它们是“负外部性”：“负”是因为它们无益，而“外部性”是因为它们不属于市场体系内。那些难以接受这些的人就攻击信使，也就是科学。

——内奥米·奥利斯克斯（Naomi Oreskes）和
埃里克·M. 康韦（Eik M. Conway）
《贩卖怀疑的商人》（*Merchants of Doubt*），2010 年

从本世纪开始，新闻报道描绘了一幅可怕的画面，吸引了全世界：漂浮的塑料块以及因塑料袋而窒息的海洋哺乳动物、海龟和鸟类的画面。年轻的企业家们叫喊着要清理这些神秘的垃圾岛，而实业家们则站起来为塑料辩护。从这场混战中，一个新的科学领域出现了，试图将事实与小说分开。各种角色上场——海员成为科学家，科学家成为活动家，而活动家转型成为政治家——他们为上演化石愚人的喜剧搭设了一个舞台，巨无霸的石化公司如凤凰般崛起，以应对这场公共关系的噩梦。

我是那些愚人之一。我不是通过传统严谨的学术道路踏入科学事业的，而是偶然地从一段经历跳到另一段经历，像一把不切实际的剑一样挥舞着我的无知。正如科学知识没有直接的途径一样，也没有一种方法能使人成为科学家。我的人生之路始于博物学家的梦想，这让我经历了一场战争和一次旅行，使我得以见证生态暴行（ecological atrocity）以及通过保护和社会公平实现自我保护的复杂性。

2000 年，我访问了中途岛环礁（Midway Atoll），这是沿着夏威夷群岛的最后一个岛屿，现在是帕帕哈瑙莫夸基亚国家海洋保护区（Papahānaumokuākea

Marine National Monument），在那里我遇到了生物学家海迪·奥曼（Heidi Auman）和她收藏的一些奇怪的手工艺品，是一些被黑背信天翁（Laysan albatross）吞食的物品，包括灯泡、绿色小人军队、发光棒、高尔夫球和注射器（发现时针头是从活的鸟的胸口穿出来的）。奥曼是一位年轻的科学家，长着金色的长发，与长年累月野外工作研究这些鸟类而晒黑的肤色形成鲜明对比。当我们在岛上漫步时，我们从死信天翁发白的肋骨腔里拣出牙刷、哮喘吸入器、半个勺子、电线螺母、一条动作人物的腿和打火机。一个打火机上有着东京某酒吧清晰易读的电话号码。我本可以打电话和他们说："嘿，你掉了什么东西。"

海迪解释说："在构成中途岛环礁的 3 个岛屿上，有超过 40 万对黑背信天翁筑巢。"根据美国鱼类及野生动物管理局（US Fish and Wildlife Service）的数据，中途岛栖息着 71% 的黑背信天翁。[1] 据估计，仅这一个物种每年就向该岛运送 5 ton 塑料。在那里，从它们的胃里吐出塑料并喂到幼雏的身体里。海迪和我停下来，看着一只饥饿的信天翁雏鸟在它父母的喙下的一个小地方挠痒痒，促使前胃（第一个胃）的一团稠浆回流。无论是雄性还是雌性，成年信天翁都基于进化的养育意识，将大部分的营养用于喂食。但是信天翁父母无意中把我们的垃圾也喂给了它们的孩子，导致这些幼雏虚假的饱腹感，从而导致营养不良、脱水和虚弱，很容易生病和死亡。当我离开这个岛时，我的行李里装着 45 只信天翁的胃的内容物，未来几年里将有成千上万的学生看到这些。

4 年后，我来到查尔斯·穆尔船长的门前，带着我放在货车后面拖车上的"瓶子火箭"筏，还带着我对塑料污染科学的浓厚兴趣。这是我的第一艘塑料瓶船，从明尼苏达州（Minnesota）的艾塔斯卡湖（Lake Itasca）上开始漂浮，密西西比河（Mississippi River）在那里有 10 ft① 宽、6 in② 深，经过 2 300 mile 后，流经我在路易斯安那州（Louisiana）南部墨西哥湾（Gulf of Mexico）的

① 1 ft=0.304 8 m。——译者

② 1 in=2.54 cm。——译者

家。在 1991 年海湾战争（Persian Gulf War）期间，我曾发誓如果我能回家，我就用筏漂流密西西比河，12 年后我兑现了这个诺言。在密西西比河上生活的那 5 个月里，我目睹了永无止境的塑料垃圾轨迹，它的根源就是我被派去科威特（Kuwait）保卫的石油。现在我看到它通过美国最大的流域漂流到海洋。

"那东西浮起来了？"查利笑着问，绕着"瓶子火箭"筏走着。他戳了一下那 232 个 2 L 的塑料瓶，它们去年曾把我带到密西西比河。查利——这位被誉为发现"大太平洋垃圾带"（Great Pacific Garbage Patch）的人——身高约 5.75 ft。他有一双蓝眼睛，而且像任何水手一样，憔悴并且胡子稀疏。他的手是干活的手，粗糙并长满老茧，尽管他的家族财富让他不必做出如此吃苦的选择。

我把筏开到了加利福尼亚州长滩的阿拉米托斯湾（Alamitos Bay）地区查利家的前门。几周前，我把一封信投到了阿尔加利特海洋研究与教育中心（Algalita Marine Research and Education，AMRE），我在信中说："我已经看到数百万个塑料袋、瓶子和杯子朝着大海漂去，我需要看看你们发现的大垃圾带。"

1997 年，查利在跨太平洋游艇竞赛中驾驶他的双体海洋研究船"阿尔基塔"号到达夏威夷。在返回的航行中，他通常沿着一条较长的弧线从夏威夷向北航行，以追赶上环绕在北太平洋亚热带流涡中心的中央高压系统的洋流——他被吸了进去而非通过动力从中间穿出去。当两台柴油发动机驱动的研究船驶进温暖广阔的"海洋沙漠"时，平坦的玻璃般的海面上出现了意想不到的东西：微小的浅色塑料微粒与海面下深处的深色帆布形成鲜明对比。塑料微粒不计其数，就像繁星倒映海面，然而却是在正午。

鬼使神差，他 1999 年返回以进行阿尔加利特海洋研究与教育中心的第一次研究考察，这次是用网掠过海水表面。他在一个研究区域记录了他认为是"得克萨斯州（Texas）大小的两倍"的塑料颗粒的数量和重量。

与此同时，一位以研究从海上集装箱船丢失的数千只橡胶鸭而闻名的海洋学家——柯蒂斯·埃贝斯迈尔（Curtis Ebbesmeyer）博士也是同样的快乐、胡子蓬松，他创造了"垃圾带"（garbage patch）这个专有词汇。媒体的报道把“垃圾带”和“两倍于得克萨斯州的大小”放在一起，给公众一些视觉化的东西，与广袤海洋中稀疏的塑料微粒截然不同：一个由漂浮垃圾组成的新的次大陆，某种程度上类似于儒勒·凡尔纳（Jules Verne）的《漂浮岛》（*Floating Island*）的体量。

从这张厚厚的漂浮垃圾岛的照片上看，好像你可以在上面插一面旗帜，或者在那里购买房地产，5 点的新闻把垃圾岛和飞机失事或者即将来临的飓风这样的事件放在一起报道。一连串的照片吓坏了公众——海狮和鲸鱼被网缠住并溺死，海龟因塑料袋窒息，信天翁的肋骨腔里装满了垃圾，还有来自路易斯安那州的一只成年龟带着沙漏形状的壳（因为它被困在一个牛奶罐的环里，像是在孵卵）。同样令人毛骨悚然的是对人类影响的描绘——孩子们在塑料覆盖的海滩上行走，生活在垃圾填埋场上，为了挣几个便士而熔融塑料。

即使“得克萨斯州大小的塑料岛”是夸张的，但它也会激励个人和组织行动起来，发起运动以解决通常为大多数人忽略的合成材料引起的问题。

裂解一桶从这里开采的或者从那里偷来的化石燃料，你将看到驱动从割草机到喷气机的一切的能源，以及变成塑料的化学物质——这是一种固态形式的碳氢化合物（hydrocarbon）。在植物基（plant-based）塑料产业不断增长的情况下，今天大多数的塑料仍是从化石燃料中提取的。塑料不是原油变成的，它是从油中提取的烃类气化液（hydrocarbon gas liquids，HGL）。HGL 和天然气然后“裂解”，这是在化学过程中提取单体(包括乙烯和丙烯)的专业术语。这些单体是短链分子，通常在碳原子周围围绕着几个原子（一个例外是有机硅，以硅作为核心原子）。而后单体作为重复单元连接在一起形成长链，称为聚合物（polymer）。

一般有两种类型的塑料：热塑性塑料（thermoplastic）和热固性塑料（thermoset）。热固性塑料包括环氧树脂和树脂，例如聚氨酯，用于建造玻璃纤维船船体和汽车车身面板。它们被催化剂做了“设置”——改变了聚合物的化学性质，成为永久性固体。它们不可回收，但有时被粉碎并作为新树脂的填料。

热塑性塑料（如聚乙烯和聚丙烯）构成了当今市场上绝大多数的塑料，它们是最通用的。把它们想象成蜡，因为它们可以反复熔化和重塑，除非长链聚合物被破坏或降解。正如查利所说，它们改变了世界的运转方式和物品保存方式，并充当了“全球化的润滑器”。正如美国国家工程院（National Academy of Engineering）所说：“来自石油化工的产品在塑造现代世界方面发挥了与汽油和燃料为其提供动力一样重要的作用。”[2]

那些缓缓流到大海里的塑料比漂浮的天然材料更耐久，但塑料可能被阳光紫外线、化学氧化作用降解，以及被缓慢地生物降解；除非焚烧，所有塑料在很大程度上仍然存在。塑料漂浮、流动和被吹到各处，向下进入海洋，在亚热带流涡形成大量微塑料（microplastic）垃圾累积区域，在整个海洋生态系统中漂散和循环。最终塑料将落在海底或被冲上某处海岸，返回到地球的表层。这些是外部成本，通常比那些上游端的短期效益要高昂得多。塑料的这种生命周期在整体上基本未知，直到 21 世纪之初发现漂浮的塑料在全球的分布。

这是 2005 年 6 月，查利第 4 次登上海洋研究船“阿尔基塔”号，可我是第 1 次。它就像我想象的那样在累积区域的中间，在夏威夷和加利福尼亚州之间，温和、风平浪静。我们花了一个星期才到这里，从洛杉矶的几近正西稍偏北方向出发到达稳定高压系统的中心，即北太平洋亚热带流涡。电影制片人乔迪·莱蒙（Jody Lemmon）和我同行记录航行，我把曼塔拖网[①]打开，在水里拖了 3 小时。

亚热带流涡是以稳定高压系统为中心的海洋表面上以风驱动的水流系统。全世界共有 11 个流涡：2 个纬度略低于北极圈的亚极地流涡和 3 个纬度高于北极圈的较小流涡；围绕南极洲的绕极流涡和 5 个在赤道上下的印度洋、大

① 曼塔拖网（manta trawl），又称蝠鲼拖网，是海洋表面采样的网系统，它模仿蝠鲼，有着金属的翼和宽阔的嘴。它的网是由细网组成的，整个拖网拖在一艘科研船后面。曼塔拖网可用于收集海洋表面的样品，例如采集塑料碎片。——译者

西洋和太平洋的亚热带流涡[3]。许多关注指向亚热带流涡，因为这是全球洋流积聚漂浮垃圾的地方。

大气流由地球旋转驱动，受到科里奥利效应（Coriolis effect）[①]的影响：在北半球，旋转的气流把空气往左推（南半球是往右，空气运动是按反气旋旋转）。科里奥利效应来自摩擦力，驱动表面洋流流向高压系统的中心——亚热带流涡，那里炎热干燥，风和洋流缓慢消退。5 个亚热带流涡覆盖广阔的海洋表面——如果你必须分出边界的话，大致为全球海洋的 40%，或者大约是地球表面积的四分之一。

1990 年 5 月 27 日，一艘集装箱货船“汉莎”号（Hansa Carrier）离开韩国前往洛杉矶，迎面遇到风暴并丢失了 21 个集装箱进入副北极洋流，就像一只狗把它屁股上的泥浆甩掉。许多集装箱在掉下去之前撞到甲板而裂开。5 个集装箱装满了耐克（Nike）鞋；其中 4 个开了，其货物掉了出来。海洋学家柯蒂斯·埃贝斯迈尔开始跟踪鞋子。他创建了一个通信网络，将海滩拾荒者找到的特定尺码和款型的耐克鞋与其他人拾到的鞋配对。在一些不正常的案例中，埃贝斯迈尔收到鞋子里还残留着腐烂的脚的报告，这些不仅证明了我们的合成材料具有持久性，而且还证明了海事工人的伤亡报告被低报。

虽然没有法律义务向公众报告丢失的集装箱，但世界航运委员会（World Shipping Council）调查了 2008—2013 年的大多数船队，发现平均每年有 1 679 个集装箱在海上丢失。2013 年，当“MOL 舒适”号（MOL Comfort）在印度洋裂成两半时，仅一次就灾难性地损失了 4 293 个集装箱。[4]令埃贝斯迈尔吃惊的是，1992 年 1 月 10 日，另一艘货轮“永远的桂冠”（Ever Laurel）在北太平洋日界线以东仅几度的地方迎着飓风，在恢复行驶前摇晃掉了十几个集装箱。其中 1 个集装箱泄漏了 28 800 个沐浴玩具，包括塑料蓝海龟、绿色青蛙、红色海狸和黄色鸭子。1 年后，阿拉斯加州锡特卡（Sitka，Alaska）

---

① 科里奥利效应（Coriolis effect），有些地方也称作哥里奥利力，简称为科氏力，是对旋转体系中进行直线运动的质点由于惯性相对于旋转体系产生的直线运动的偏移的一种描述。科里奥利力来自物体运动所具有的惯性。——译者

的居民看到这种塑料小动物陆续上岸了。“这是一个找全 4 个玩具的游戏。”埃贝斯迈尔说。在接下来的几年里，在夏威夷、北美洲西北海岸和南美洲都发现了它们。一些被冻结在北极冰层中，在去往北大西洋的路线发现了 3 个甚至远到英国。

几个小时后，在北太平洋流涡中心，我们拉起曼塔拖网。我们总共扫过了大约 10 000 m^2，相当于两个足球场那么大。打捞的结果是半杯五颜六色的塑料屑片。除了随机捕鱼用的浮子或巨大的缠结成球的渔网以及漂浮的线，这是能捞到的最厚的了。那里没有垃圾岛，没有垃圾带，但我看到这些成千上万的微塑料颗粒时感到很担忧，这更糟糕。

查利把收集袋里的东西倒进一个派热克斯（Pyrex）糕点碟中，整齐地把鱼以平行的形式摊开，就像战场上死难的人一样，尽管这些鱼身上覆盖着像万花筒里看到的一样纷繁的微塑料，就像纸杯蛋糕上撒的碎粒一样。这是媒体需要看到的现实，但流涡中心的不可接近性更加剧了我们对想要知道的真相的误解。

岛的假象是现代讲故事的传播方式将科学过滤掉产生的结果。正如杰里米·格林（Jeremy Green）在《媒体的炒作化与科学》（*Media Sensationalisation and Science*）一书中所描述的那样：“在转化和重新包装科学知识，使其能够被非专业人士理解的过程中，知识的内容会退化，从而扭曲和失真。”[5]如果没有这个岛的假象，世界还会关注海洋塑料污染吗？海洋中塑料漩涡的发现比查利的发现早了 30 年，这使得一些科幻小说激起了公众的兴趣。

当查利 2001 年公布他的研究成果时，海洋污染没有得到科学团体的足够关注。斯克里普斯海洋研究所（Scripps Institution of Oceanography）和伍兹霍尔海洋研究所（Woods Hole Oceanographic Institution，WHOI）这两家著名的海洋研究机构并没有积极研究海洋塑料污染。英国海洋科学家理查德·汤普森（Richard Thompson）当时正在研究微塑料，而高田秀重（Hideshige Takada）则在研究与塑料颗粒和碎片结合的污染物。这是自 20 世纪 70 年代以来科学出版物不断发表的延续，但很少有同行能评议这些。

查利的研究唤醒了一个“沉睡的巨人”。媒体突然给了科学家们播出时间，让他们谈论传说中的漂浮垃圾岛，并且到了 21 世纪头 10 年中期，塑料工业正与公众对可丢弃塑料不断增长的鄙视进行斗争。国家组织［如冲浪者基金会（Surfrider Foundation）、自然资源保护协会（National Resources Defense Council）、塞拉俱乐部（Sierra Club）①、环境工作组（Environmental Working Group）］和几十个地方组织开始讨论塑料袋禁令的有效性。这激起了塑料制造商的反击，他们成立了游说集团和反环保组织，如拯救塑料袋（Save the Plastic Bag）和进步塑料袋联盟（Progressive Bag Alliance）。塑料工业贸易集团、美国化学理事会（American Chemistry Council，ACC）和靠救济金生活的科学家们狂热地破坏着阿尔加利特海洋研究与教育中心研究的有效性，嘲笑查利不是一个“真正的”科学家。大型塑料制造商从烟草业那里获得启示，否认问题、干扰批评人士的工作、分散公众注意力、拖延行动以及诋毁被认为是麻烦制造者的科学家。这是一场公众和政策说服之间的战争，只有依靠来自非政府组织的持续压力和良好的科学研究，才能赢得这场战争。

从海上回到“阿尔基塔”号在阿拉米托斯湾的码头几个小时后，查利把我拉到他的办公室。“如果你要在这个领域工作，你必须从头开始。”他说，并递给我一打研究论文，这是他的发现之前所有关于塑料污染的研究的摘要总结。作为我的导师，他邀请我进入海洋科学的世界。

海洋塑料污染是 1972 年由爱德华 · J. 卡彭特（Edward J. Carpenter）和肯尼思 · L. 史密斯（Kenneth L. Smith）在北大西洋首次发现的。[6] 1971 年，他们乘坐伍兹霍尔海洋研究所的“亚特兰蒂斯Ⅱ”号（Atlantis Ⅱ），使用他们的漂浮生物打捞网（一种细网面拖网），在 11 个点位发现了大量的原油浮块和塑料颗粒。每个点位平均有 3 500 个颗粒，重 290 g，海洋表面每个足球场那

① 塞拉俱乐部（Sierra Club），或译作“山岳协会”、“山峦俱乐部”和“山脉社”等，是美国的一个环境组织，著名的环保主义者约翰 · 缪尔（John Muir）于 1892 年 5 月 28 日在加利福尼亚州旧金山创办了该组织，并成为其首任会长。塞拉俱乐部拥有百万名会员，分会遍布美国，且与加拿大塞拉俱乐部（Sierra Club Canada）有着紧密的联系。——译者

么大的区域里大约有1茶匙的塑料。

40年后，我在爱德华位于旧金山州立大学（San Francisco State University）的办公室里找到他。我开始滔滔不绝地讲述他如何开创了一个新的海洋科学领域，以及他对我职业生涯的影响。“大多数人都很惊讶我还活着。”他带着出神的微笑回答道。

“当你发表第一篇描述海洋塑料的论文时，其他科学家对这项工作怎么看？”我问道。

“我被称为‘塑料小子’，并没有被认真对待。”他回答说。“同年，即1972年，我们还发表了一篇论文，研究了聚苯乙烯小球在新英格兰（New England）南部水域的广泛分布，以及8种不同鱼类对这些小球的摄食情况。我在伍兹霍尔海洋研究所的主任说我所做的并不是真正的科学。”

“从你们1972年第一次发表到四分之一个世纪后穆尔船长发现大太平洋垃圾带之间，关于海洋塑料的研究非常少，而塑料工业的年产量却翻了4倍多。”我说道。“你为什么认为海洋塑料的科学滞后于工业的发展如此之久？”

爱德华停顿了一下，深深吸了口气。“塑料工业协会（Society of the Plastic Industry）特地飞过来见我。他们想让我知道，我的发现无关紧要、毫无用处，而且从来都不是美国人的风格。他们与伍兹霍尔海洋研究所的高层进行了交谈，可能也是提出了同样的批评。这是一种恐吓策略，我相信他们对每一位对此感兴趣的科学家都这么做过。当我发表关于鱼摄入聚苯乙烯的论文时，他们又这么做了。他们再次亲自拜访我，让我知道我应该停止我正在做的事情，因为这不是真正的科学。他们也与我的同事和管理者进行了谈话。”

1937年，塑料工业协会（SPI）诞生于新兴巨头——陶氏公司（Dow）、孟山都公司（Monsanto）、杜邦公司（DuPont）、标准石油公司（Standard Oil）以及其他公司——之间的内部联盟，这些巨头把他们关于谁发明了什么东西的激烈争论转变成一个全行业的联盟，以建立针对玻璃、金属和纸张的份额的市场。第二次世界大战推动了强大的工业，改变了美国国内市场。从战前大萧条时期关注资源稀缺和保护的文化转变为拥抱新获得的财富和繁荣，这源于资本主义民主战胜专政。在战前建立可以经久耐用的东西的传家宝社会与现代的消费主义形成对照。

塑料被定义为“有计划的废弃”，这是消费者需求持续的必要前提。折中的质量和缩短的产品生命周期在时尚和功能方面为新的销售腾出空间。相比之下，我的厨房里放着的 20 世纪 40 年代的老式“奥基夫和梅里特”（O'Keefe & Merritt）煤气灶设计得非常好，顾客没有理由再买 1 个。这家公司依靠人口增长来销售，现在它不见了。战后是广告业的黄金时代。市场营销使公众相信其需要电视和洗衣机，还有那最新的厨房用具，以及任何应该存放于现代防空洞的产品。莎纶保鲜膜（Saran[①] Wrap）是被作为防止小儿麻痹症的手段推向市场的，在电视广告中家庭主妇用它包裹毛衣。塑料可以使公司快速消纳制造产品所带来的需求。对快速增长的塑料市场的任何威胁都会直面塑料工业协会，卡彭特的工作受到的巨大威胁是被否定和贬低。

“你已经开始做需要 40 年才能理解的事情。”我说，“你对过去 15 年这方面的兴趣爆发有什么看法？”

爱德华坐在他的椅子上向后摇晃，然后说：“看到许多人做的好工作真是太好了。”

爱德华·卡彭特做了大量的工作，狂热地发表论文，甚至在 1971 年通过伍兹霍尔海洋研究所的帮助建立了海洋教育协会（Sea Education Association，SEA），让大学生们在水上畅游。尽管他拥有职业成就，包括于 1973 年在其他领域发表了高达 13 篇的论文，他的主管还是设法将他从伍兹霍尔海洋研究所中除名。他的合同终止了，他离开了伍兹霍尔，在那之前那里的门一直敞开着。

在卡彭特的工作之后，对塑料的研究有很长一段时间的停顿，直到 1980 年，英国科学家罗伯特·莫里斯（Robert Morris）描述了在南非海岸外的南大西

① Saran 目前是由强生公司拥有的商标，这是一种聚乙烯的食品包装。作为厨房用品，可阻隔水分，防止空气与食物直接接触。这个商标曾为陶氏化学的商标，为聚偏二氯乙烯共聚物的商品名，这种共聚物于 1933 年被偶然发现，用于许多商业和工业产品。——译者

洋上发现的塑料颗粒和塑料碎片。然后，1985 年，罗伯特·戴（Robert Day）和他的同事们开始了一系列跨越北太平洋的考察。[7] 他们在 1989 年公布了一个 4 年数据集，包括 203 个海平面样品。一个点位产生了 316 800 个 /km^2 塑料碎片（想象一下足球场上散落着一满杯微塑料）。海洋塑料污染科学又向前发展了 10 年，直到 1997 年穆尔无意中航行驶过了罗伯特·戴所忽略的北太平洋上的一个地方，即北太平洋亚热带流涡的东部累积区域。

自第二次世界大战以来的四分之一个世纪里，塑料的年产量从零增加到 1972 年（即卡彭特发现的那一年）的近 4 000 万 ton。当 1989 年戴描述横跨北太平洋的微塑料时，年产量已翻了一番多，达到 9 900 万 ton，而后当穆尔到达的时候，年产量又翻了一番，达到每年 2 亿多 ton。随着不断地成功，全球塑料生产没有放缓的迹象，到 2013 年，年产量达到 3.11 亿 ton。在未来几十年内的预期增长率为 4%，单凭有计划的废弃，到 2050 年，该行业的新塑料产量将超过 10 亿 ton。这种线性经济思维是我们今天面临的问题的根源。

美国化学理事会比塑料工业协会大得多，代表着石化工业、塑料产品和包装制造商——陶氏、杜邦、孟山都、壳牌（Shell）、可口可乐（Coca-Cola）、百事可乐（PepsiCo）和几百家其他公司。以前被称为美国塑料理事会（American Plastics Council），在 21 世纪初，当公众开始把“塑料”这个词与污染联系起来时，其把名字改了。2001 年，美国化学理事会塑料部门发现自己在与得克萨斯州大小的垃圾带假象作战，通过大力游说决策者和向公众传播信息，通过多种策略寻求缓和和操纵公众的感知和反监管。该组织发起了宣传倡议和会议，并向任何与海洋塑料污染有关的科学家提供资金。

21 世纪初，美国化学理事会甚至成功地在加利福尼亚州的教科书中加入了他们的声音，声称回收和反对乱扔垃圾的努力是主要的解决方案，而没有提及任何更智慧的设计或使用更少的产品。工业界的传统观点认为，消费者对垃圾负有责任，纳税人对废弃物管理负有责任，但生产和包装设计应不受监管。虽然回收仍然得到公众的广泛支持，但这在美国是一个令人沮丧的失败，根据美国环境保护局（Environmental Protection Agency，EPA）的数据，

2013 年塑料的回收率仅为 9.2%，因为没有强制性命令要求为此费心做出设计。[8] 在美国或欧洲，很少有人意识到我们向发展中国家出口不可回收的塑料。如果公众知道他们城市的“废弃物转移”率更多是关于“废弃物重新安置”，他们将要求对真正的回收率有更大的透明度。

2007 年，美国化学理事会在加利福尼亚州拉霍亚市（La Jolla）举行了自己的海洋碎片会议。其在 2008 年为第 5 届国际海洋碎片会议（5th International Marine Debris Conference）提供了大量资金，并向非政府组织［包括海洋保育协会（Ocean Conservancy）和海洋教育协会］的海洋塑料污染研究计划投入了资金。禁止塑料袋的市政法令成了战场，我发现自己经常和其他科学家在市议会听证会上作证阐明塑料对海洋的影响，而美国化学理事会的“步兵”们站在我们旁边反驳我们的证词。他们抗议生产者的责任和生命周期设计，同时花费数百万美元在电视、广播和印刷广告上宣传他们荒谬的座右铭：“塑料袋禁令提高税收，扼杀就业机会。”（“Bag bans raise taxes and kill jobs.”）

随着塑料污染的话题成为主流，大型海洋研究机构在这个问题上几乎提供不了什么科学，而且在公众提问之前，他们做的只能是扫扫象牙塔上的焦油，因为他们没有答案。斯克里普斯（Scripps）开始组织自己的考察研究塑料，被称为斯克里普斯塑料环境累积考察（Scripps Environmental Accumulation of Plastic Expedition，SEAPLEX）。2009 年年初，研究人员大胆地航行到查利 · 穆尔以前去过的地方。科学在追赶。

与此同时，伍兹霍尔的海洋教育协会分析了其存档的浮游生物拖网的 22 年数据集；有趣的是，其发现随着时间的推移，北大西洋亚热带流涡中的塑料没有增加的趋势，这一发现随后被作者收回，因为新的数据出现了。美国国家海洋和大气管理局（US National Oceanic and Atmospheric Administration，NOAA）继 2006 年的《海洋碎片法》（*Marine Debris Act*）之后，开始以竞争性拨款的形式发放资金。[9] 意识到问题的严重性，美国国家海洋和大气管理局值得称赞地接受了公民科学，为业余人士和小型非政府组织打开了大门，他们可以申请与大型学术机构同样的资金。

位于加利福尼亚州圣巴巴拉的国家生态分析与合成中心（National Center for Ecological Analysis and Synthesis，NCEAS）是一个塑料污染工作组，主要由海洋保育协会资助，邀请了37位科学家回答有关塑料污染的关键问题，例如"那里到底有多少?"几年后，我被邀请作为国家生态分析与合成中心出版物的合著者之一，因为我们的组织——五大流涡研究所发表了第一份关于漂浮垃圾的全球估计。其中的合著者之一解释说："你是拥有我们想要的数据集，但当你发表论文时，我们就能得到这些数据了。事实上，我们认为你可能作为我们修订后的全球评估的审查者，你的政治立场可能让你过于挑剔。这是保持与同行亲密而与你的批评者更亲密的一种情况。"这揭示了在科学期刊上发表论文的策略之一。

我发现科学的文化和方法允许大量的主观性。在科学研究的马基雅维利[①]世界里，存在着激烈的竞争和战略联盟，激烈的竞争是要抢在同行之前发表论文。如果在你面前不停地摆动的"金胡萝卜"是站不住脚的产业，而你用它来资助你的考察、雇用员工、购买设备，付钱让灯一直亮着，然后你就变得有依赖性。几年后，作为一名业内的科学家，我会跟踪可疑的研究，找到它们共同的资金来源——美国化学理事会。我会发现另一套科学方法的存在，这是塑料工业都太熟悉的规则。

① 马基雅维利主义定义为政治理论，由意大利文艺复兴外交家和作家尼克尔·马基雅维利（Niccdò Machiavelli）提出，认为为了维持政治权力，可以使用任何手段。——译者

第 2 章　垃圾与流涡

塑料取得最终胜利意味着包装战胜产品，风格战胜内容，肤浅战胜本质。

——斯蒂芬·费尼切尔（Stephen Fenichell）

《塑料：一个合成世纪的创建》（*Plastic*：*The Making of a Synthetic Century*），1997 年

“这里就是塑料返回老家休息然后降解的地方。”查利说这句话的时候，第一团微塑料浮现在“阿尔基塔”号船体的下方。那是 2008 年 1 月。这是我第 2 次航行到北太平洋亚热带流涡，是查利的第 6 次，是乔尔和安娜的第 1 次。我们位于夏威夷东北方向几百英里处，离查利最初的取样点位不远。

乔尔·帕斯卡尔负责掌舵，我和安娜负责拖网，用的是网眼为 0.33 mm 的曼塔拖网，用于捕捞浮游动物、部分浮游植物和塑料。1 小时后，船上的另外两名志愿者杰夫·厄恩斯特（Jeff Ernst）和赫布·麦克莱德（Herb Machleder）开始起网。9 年前，也是在这个点位，一次拖网取样就采集了 1.46 g 塑料。曼塔拖网被收到甲板上，我们将捕捞物倒在派热克斯糕点碟里。这次的重量很轻松地就超过了上次的 10 倍。

“如果我们这次研究的东西比塑料垃圾累积更加乐观的话，在这次拖网的神奇结果之后，我会跟每个人击掌庆贺。”查利说道。之后，每次采集的样品里都有塑料。

日落前 1 小时，乔尔在船头大喊：“渔网球！”我们总是很留意这些大家伙。乔尔一边高喊，一边指着那东西，在查利把“阿尔基塔”号掉头的时候提示距离和角度。

“水桶！”安娜高喊道，然后她顺着一条直线又看到一长串的垃圾。“水

桶！衣架！箱子！又一个浮标！灯泡！”

每个人都高喊着他们所看到的，与此同时，我在船尾用网具从这一串垃圾中捞到我能捞到的东西并把它们拖到甲板上。这一串漂浮的垃圾叫作“风积丘”（windrow），它是由风驱动的表面水流形成的，在某些地区是由叫作“朗缪尔细胞”（Langmuir cells）的更大的洋流系统形成的，这会聚集成线状的行，把所有漂浮物集中起来。

塑料可能就是在这里降解的，但是它们是从哪里来的呢？谁为此负责？浮标上通常印有名字和编号，而其他物件则已经分解成了无法辨识的碎屑，除了少数情况下还能从熟悉的形状和颜色上识别出品牌，比如红色的可口可乐瓶盖和红黄条纹的麦当劳（McDonald）吸管。

“你看，在流涡中间收集到的大家伙基本上都是渔具。”乔尔解释道。渔网和浮标设计得经久耐用。塑料袋、泡沫塑料和其他低质量的塑料产品在离开海岸后很快就破碎了，很少能漂到这里。只有一些较厚的物件，比如牙刷和草坪躺椅，能一路漂荡到流涡这儿。

来这里之前，乔尔在美国国家海洋和大气管理局工作了 4 个月，其间在夏威夷群岛西北清理了超过 40 ton 的渔网。他会抓住绑着绳子的平板，由小船拖着在珊瑚礁附近的浅滩游弋，打捞结成球的渔网。通常，在找到渔网之前，他会先看到一连串的珊瑚碎片，就像通向保龄球瓶的滚球道一样。

“有发布一些限制令以防止渔网漂到这里。”乔尔说道。1988 年的《国际防止船舶造成污染公约》（*International Convention for the Prevention of Pollution from Ships*）附则Ⅴ禁止一切来源的一切形式的塑料制品入海——包括不规范的捕鱼和养鱼活动、近海采矿、违法倾倒和航运。[1] 但是，除了对大型军事舰队、商业舰船和某些邮轮的监管外，其他方面的监督和合规几乎不存在。

我们不知道有多少塑料漂到了这里，但是我们知道丢弃的渔网或者“幽灵渔网”（ghost nets）是肆意而为的杀手，可能它们被丢弃后所捕杀的鱼比用它们来捕鱼的时候捕杀得还要多。它们会缠绕船舶的推进器，成为航行的安全隐患，它们会夷平珊瑚礁，将珊瑚撕得粉碎，造成严重的生态破坏，它们作为废品的代价远高于当初的标签价格。联合国环境规划署（United Nations Environment Programme，UNEP）估计，遗弃、丢失和其他被废弃的渔具（如此常见以至于有了一个难看的缩略名 ALDFG①）占海洋塑料垃圾的 10%，其他研究估计商业渔具占 5%，[2] 最近的一项评估认为这一数字是 18%。[3]

根据一项经常被引用的估算数据，80% 的塑料污染来自陆地，其他 20% 来自海上活动。[4] 伸出十指，两根手指指向海洋——需要规范自己行为的渔业，八根手指则指向陆地。佐治亚大学（University of Georgia）的环境工程师詹娜·詹贝克（Jenna Jambeck）最近发布了一份全球评估报告，预计每年全世界 192 个沿海国家从陆地丢入海洋的塑料垃圾在 400 万 ~1 200 万 ton 之间。

美国化学理事会对这项研究的解读是，世界需要更好的废弃物管理，应该迅速投资焚烧设施，这一观点推动了该团体与废弃物变能源企业的合作，延续了一贯的线性经济思维。这也为生产商提供了绝佳的机会，让他们为生产者应该创造全生命周期产品、包装化学和设计的责任开脱。他们再次避免了负面的外部性，把责任推卸给城市和纳税人，让他们来买单。

当我们看到海洋里各种各样的塑料——从垃圾管理不善的国家所倾倒的垃圾、废弃的渔具到非法倾倒入海的垃圾——显而易见的是，全球洋流和流涡系统将垃圾抛掷到了公海，最终迅速演变成为“公地悲剧”（tragedy of the commons），无从判断垃圾碎片究竟来自哪个国家或企业——永远的流浪者。

“前面有个大家伙。”安娜喊道，然后它就不见了。我用网捞到了 1 块红色的肉，原来是来自巨乌贼身上的 3 in 的厚片。我咬了一口，然后快速吐出，这吓了安娜一跳，却逗乐了船员们。接下来的 1 小时里，我们不断打捞垃圾，把它们堆在甲板上，然后掉过头，用套索捞到了一团巨型的渔网球。

渔网和垃圾交错缠绕在这一团里，这只是这座合成冰山不起眼的一角。在水下，这个巨型的球会迅速下沉，成为许多海洋生物的栖身之所。渔网和丝线千奇百怪的缠绕方式让人惊叹。海洋就像一位织布工，漂荡了几十年的

---

① 是 Abandoned,Lost,Discarded Fishing Gear 的缩略词。——译者

碎片偶然邂逅，从此纠缠在一起。这个巨型球的重量轻松地超过了1 ton。一只黑脚信天翁（black-footed albatross）好奇地啄着这块网，寻觅着可能会出现的螃蟹。

乔尔用绞车把这个庞然大物拖到船尾，我们把卫星浮标系在上面，这是来自美国国家海洋和大气管理局（NOAA）“幽灵渔网”项目（GhostNet project）的礼物。两年后，绿色和平（Greenpeace）会发现这个浮标在北太平洋亚热带流涡东部漂荡了几百英里，只是网上附着的东西只剩下不到一半了。

太阳在我们身后落下，标志着地球上最精彩的生命迁徙开始了，奇特的生物从海洋深处游上来。穿越非洲的羚羊和横穿加拿大的驯鹿固然令人瞩目，但是夜幕下海洋食物网里的纵向迁徙才让人叹为观止。形形色色的生物冲向海面觅食，在日出前又回到海洋深处。我们拿着潜水灯观察这个纵向奔涌的生命洪流。首先是翼足类（pteropods），比如形似长着翅膀的大扁豆的翼足螺（Cavolina），紧跟其后的是爱神带水母（Venus's girdle），这种长长的水母看起来更像是裤子上系的皮带而不是形似美杜莎（Medusa）的常见圆形水母。它透明的身体外缘长着须状的触手，通体笼罩在一束光芒之中。不知为何，它察觉到了我的存在，快速游开，迅即消失。还有一种与苹果一样大小和颜色的生物注意到我在附近——于是收起了附肢，展开翼状瓣，轻盈地游走了。这时，我关掉了灯，深吸一口气，静静地徘徊在漆黑的海洋深处。我挥动着手臂和双腿，穿梭在向上游动的浮游生物群落中间，每一次和它们接触都会形成一道闪烁的绿色荧光。成千上万次的触碰在我脚下形成了一道光束。我欣喜地旋转着，伸出双臂，嗖嗖地向海面游去，就像尾部喷射绿焰的火箭。我是一名宇航员，身处移动变幻的星辰之间。

我和安娜会合了，然后很快找到了乔尔，他正忙着拍摄穿梭在渔网球周围的鱼群。我摸到了可紫外线降解的渔网，一团微纤维（microfiber）迅速在我指间散去，如同这生命万花筒中的异类，与我身体周围星光般的生物荧光格格不入。当我们把网从海水里拖出来的时候，我们的手像是在装着塑料面包屑的碗里蘸过一样。这个网是微塑料颗粒的传播源，随着时间的推移，它会分解成几百万个微塑料颗粒。几年后，我们会从许多生活在这种人造珊瑚上的生物体内找到这些微塑料颗粒，包括最小的浮游动物、藤壶（barnacle）和鱼类。乔尔忽然将视线从摄像机处移开，抬起头，用力蹬水。一根长长的尾鳍突然出现在他的下方，那不是他的脚蹼。第二次出现这种情况的时候，我抓着安娜，用手指着："宝贝，那儿有一条鲨鱼。"

当那条鲨鱼接近我们的时候，她像卡通人物一样瞪着眼睛，旋即迅速游回船上。安娜对鲨鱼很着迷，一半带着恐惧，一半是惊奇。我紧跟在她身后。乔尔也回来了。"没错，这是一只六七英尺长的灰鲭鲨（mako shark）。"他说道，语气沉着且自信，这一点让我在之后的几个月里对他颇为钦佩。"它们具有攻击性。千万不要背对着它们。"

船员们全都清醒了，我们启动了发动机，开始拖网打捞。鱼群聚集在海面上，四处觅食，大快朵颐，闪烁着它们的发光器官——一场饕餮盛宴，一项延续了数百万年的暮夜传统，几个小时后，它们就被网罗进了曼塔拖网中。其中就包括灯笼鱼（Myctophidae），被称为"海洋中生物量最多的鱼类"。这种鱼养活那种鱼，那种鱼养活另一种鱼，另一种鱼则被渔民捕获，养活了全世界。

"满满的都是鱼！"乔尔打开囊网的时候喊道。2001 年，查利发布的结果是海洋中塑料和浮游生物的比例为 6∶1，这是基于白天的采样结果，不过这项结论现在完全被推翻了。与他之前考察期间的拖网捕捞情况完全不一样，这一次我们从微塑料和浮游动物占比相当的海水里倒出了几十条鱼。

我们收集了 671 条鱼，涵盖 6 个物种，然后解剖研究其肠道内容物。我们发现，其中 35% 的鱼吞食了微塑料。[5] 斯克里普斯研究所曾对这项研究提出了批评，认为垂死的鱼会急促地吸气并吞食周围的任何东西，如果这些鱼死亡的时候刚好身处满是塑料颗粒的渔网中，这样的结果毫不意外。随后不久，斯克里普斯研究所在斯克里普斯塑料环境累积考察（SEAPLEX）期间来到了同一区域，重复了这项研究，在 9% 的鱼肠道中发现塑料。[6] 2016 年，类似的研究在北大西洋展开，收集了 761 条鱼，大部分仍是蛇鼻鱼（myctophid），在 11% 的鱼肠道中发现了塑料。[7]

这些研究共同证实，野生动物正在不知不觉地通过缠绕和吞食等方式与塑料产生联系。[8] 可以肯定地说，世界上大部分鱼类种群都受到了垃圾的影响。这种影响延伸到了食物链顶端。在美国西海岸，经常能见到脖子被丝线和渔网割伤的海狮；在搁浅死亡的鲸鱼的尸检报告中，会看到一长串被吞食的塑料品清单——上面几乎总会有少量的塑料袋。不知道究竟有多少海洋哺乳动物和海鸟因为被废弃的渔具钩住而溺死。海龟的情况可能更糟糕。在与海龟生物学家、《蓝色思维》（*Blue Mind*）的作者华莱士·J. 尼科尔斯（Wallace J. Nichols）的谈话中，他告诉我："我们过去会说'有些海龟受到了塑料的影响'，后来变成'所有龟类都受到了影响'，现在我们几乎在每个海龟的尸检报告中都发现了塑料碎片，因此，可以肯定地说，海洋里的每一只海龟都在生命中的某个时刻吞食着我们的垃圾。这是一个令人震惊的表述：它们不该如此。塑料不会杀死它们，但是会以亚致死（sub-lethal）的方式影响它们，包括产更少的蛋……导致幼龟减少。"海鸟的命运同样悲惨；据估计，如果情况没有改观的话，到 2050 年，99% 的海鸟物种都将吞食一定量的塑料。[9] 从被渔网和丝线缠住到吞食颗粒，塑料对海洋生物的影响绝不仅限于特定尺寸或某些物种的生物。

除了我们在北太平洋中部发现的灯笼鱼（lantern fish），其他鱼类也正在吞食微塑料，包括被端到餐桌上的鱼类。根据最近的一项市场鱼类调查，在美国和印度尼西亚的取样中，从 25% 的鱼肠道中发现微塑料。[10] 你点的前菜蒸贻贝的血液里可能漂浮着纳米塑料（nanoplastic）颗粒。[11]

"这有关系吗？"你也许会问。好的，我们知道，塑料有一个惊人的特性是吸收和吸附四处漂浮的持久性碳氢化合物。加油站有时候会把装满聚乙烯塑料颗粒的巨大布袜袋挂在雨水管周围，用来吸附路边的油滴。在海洋里，这些塑料微粒变成了微型毒药，污染物浓度是周围海水中浓度的 100 万倍。[12] 如今，海洋科学的前沿研究正在探究微塑料和纳米塑料携带的有毒物质与生物体之间的相互作用。[13] 一项研究中，沙蠋（lugworm）——在保持生态群落结构稳定性方面发挥重要作用的一个关键的属——在吞食聚氯乙烯（PVC）微塑料后出现炎症反应和进食减少，导致整体能量水平降低。[14] 海洋生物的肠道环境不同于海水环境。不同的酸碱度（pH）和温度以及肠道表面活性剂

（使脂肪乳化的物质）的存在，为这些有毒物质在组织和器官中的脱附和蓄积创造了条件。[15] 换言之，海洋生物的肠胃与海洋在化学性质上是不同的，因此塑料会脱附它们所吸收或吸附的化学物质，在某些情况下，这些化学物质会在生物体内蓄积，而不是被吸收或被代谢掉。另一项研究在北太平洋地区发现了十几只被渔网意外缠身的短尾鹱（*Puffinus tenuirostris*），其中 3 只的肠胃脂肪中的阻燃剂或多溴二苯醚（polybrominated diphenyl ethers，PBDEs）的含量极高。

在五大流涡研究所于 2011 年开展的另外一次考察中，我们从里约热内卢（Rio de Janeiro）航行到开普敦（Cape Town），其间穿越了南大西洋亚热带流涡的中心，这支不拘一格的团队由冲浪者、海员、首席执行官和科学家组成，包括切尔茜·罗克曼（Chelsea Rochman），她是一位研究海洋毒物及其对野生生物影响的生态毒理学家。当我们收集微塑料的时候，她把鱼从渔网里取出来。在我们进入流涡中心的时候，她的研究结果表明，鱼类组织中的 PBDEs 浓度与塑料碎片之间存在相关性。[16] PBDEs 在日常生活中十分常见，包括衣服、窗帘、汽车内饰等日用品。虽然 PBDEs 逐渐被淘汰，但是其毒性作用离我们并不遥远，包括降低女性生育能力，[17] 造成激素紊乱，从而影响胎儿发育。[18] PBDEs 的不可生物降解性意味着这类材料会长期存在于环境当中。2009 年，PBDEs 被增列进《关于持久性有机污染物的斯德哥尔摩公约》[*Stockholm Convention on Persistent Organic Pollutants*（*POPs*）]，该国际公约涉及难以在环境中降解的污染物，包括多氯联苯（polychlorinated biphenyls，PCBs）、滴滴涕（DDT）和二噁英（dioxin），全世界应该清除这些污染物。到目前为止，欧盟和其他 178 个国家已经批准了该公约（美国尚未签署，因为其中大部分污染物都在美国生产，而且行业大力游说立法机关）。

被塑料缠绕和吞食塑料的案例不断增加，据估计，1997 年有 267 个物种受到影响，[19] 到了 2015 年，受影响的物种增加到 557 个。[20] 与此同时，海洋生物搭着垃圾的顺风车，将塑料污染从一个大陆或岛屿带到另一个。入侵物种被输送到新的大陆的情况也空前严重。[21] 甚至在西北太平洋倒下的巨型红木已经到达夏威夷海岸，如果没有降解和下沉的话，它们不会漂这么远。塑料已经把表层洋流变成了“生物高速公路”。2011 年日本海啸后，数百万吨的残骸流入北太平洋，垂钓码头、船只和浮标等大物件被冲到了加拿大和美国的西北太平洋沿岸；资料显示，150 个非本地物种随之漂洋过海而去，包括螃蟹、海星、牡蛎、鱼类、植物和其他无脊椎动物。[22] 一块 66 ft 长、由金属和泡沫聚苯乙烯组成的码头碎片从日本三泽市（Misawa）的垂钓码头漂到了俄勒冈州（Oregon）海岸，上面附着了 130 个物种，包括褐藻类裙带菜（*Undaria pinnitifida*），它是当地物种的强大竞争对手。[23]

漂浮的塑料可以增加某些生物的种群数量。海黾（*Halobates sericeus*）是唯一能在海面上行走的昆虫物种，这种长腿的黑色昆虫以鱼卵为食。如今，海黾已经开始在塑料垃圾上产卵，数量比以往任何时候都要多。斯克里普斯研究所的明星研究员米丽娅姆 · 戈尔茨坦（Miriam Goldstein）发现，这种水生昆虫的种群数量在过去 40 年里增长了 100 倍。米丽娅姆用“岛屿生物地理学理论”[theory of island biogeography，由 E. O. 威尔逊（E. O. Wilson）和 R. H. 麦克阿瑟（R. H. MacArthur）于 1967 年提出] 解释漂浮塑料和物种多样性的关系。[24] 她思考的问题包括：新岛屿（像渔网和垃圾汇聚形成的巨型垃圾场）形成时，谁是第一批居住者？那里有多少物种以及多样性如何？这一连串问题都能从该理论中找到答案。

2012 年，距离 2011 年海啸过去了 15 个月，我带领五大流涡研究所的考察队去研究漂浮的碎片。我和来自华盛顿鱼类与野生动物部门（Washington Department of Fish and Wildlife）的海洋生物学家汉克 · 卡森（Hank Carson）收集了漂浮的塑料碎片，用于米丽娅姆的多样性研究。在东京以东 800 mile 处，我们把由渔网和丝线缠绕起来的重达 500 kg 的垃圾团沿着桅杆排好，像摇晃糖果罐一样，然后看到 36 个物种落在了甲板上。3 条腐烂的死鱼缠在渔网里，再次证明了废弃渔网依旧是顽固的杀手。在研究了渔网和其他 241 块漂浮垃圾后，米丽娅姆数出来有 95 个物种聚居在上面。塑料越大，物种就越丰富。通过分析，她发现这里面有一个危险的外来物种——半翅目毛囊纤毛虫（*Halofolliculina* spp.）。该物种仅生活在印度洋和南太平洋地区，它会侵蚀珊瑚并杀死珊瑚虫，留下一层黑色的侵蚀带，被称作“骨骼侵蚀带病”（skeletal eroding band disease），这种疾病正在对北太平洋地区的远海珊瑚造成严重影响。

回到海洋研究船“阿尔基塔”号上，乔尔喊道：“浮标，两点钟方向，500 m！”我用网把它捞起来，拖到了船上。它很重，上面长着鹅颈藤壶（gooseneck barnacle）。远洋蟹在甲板上跑来跑去，钢毛蠕虫和小等足虫栖息在藤壶深处，花束状的藤壶将扇子一样的蔓脚往外伸着——蔓脚是它们捕食浮游生物的网具——并且急促地呼吸着。我用片刀把它们刮了下来。查利拿着一口锅走了过来。

“给我装半锅藤壶，可以吗?”在吃午饭的时候，他宣布：“藤壶饭上来了。”其实还可以忍受。不过新鲜劲儿很快就过了，第二天，剩饭就散发着腐烂海鲜的气味，被悄悄地倒进了海里。（几年后，米丽娅姆会从这个区域找到 385 只这种藤壶，解剖后发现 33.5% 的藤壶体内有塑料。）[25]

各类出版文献和个人经验都充分证明，我们所产生的垃圾在环境中是动态的，会对海洋生物造成影响，从化学污染到经由塑料快速传播的外来入侵物种。虽然媒体往往将鲸鱼之类魅力超凡的巨型生物、鸟类和龟类描绘成污染的受害者，但实际上，污染的影响不仅遍布食物链底部，而且通过我们所捕捞的海洋生物渗入了人类食物链。这样的认识将会不断加强，进而推动政策决定，同时也会遭到行业抵制。安娜和我将会记录这几千英里的航行情况，并与数百名同行分享经验，我们将采用看似冰冷、实则严谨的科学方法和写作方式，秉承着爱护海洋这个共同的核心价值观，共同推动一场运动，以期纠正错误。

乔尔和杰夫都急着想下水，于是在查利关掉发动机、点头示意后，把潜水装备从储藏室里拿了出来。我们早上 5 点就进入了无风带，之后一直在平静的海域拖网打捞，毫无波澜的海面就像一层油，上面的每片塑料都十分显眼。由于接近中性浮力，渔具上的纤维材料缓缓地浮出水面。因为燃料的关系，我们停了下来，等起风的时候再走。正午的烈日照得我们抬不起头。我们一动不动地坐着，像那些垃圾一样。水面下是永恒的深邃、清澈、无所参照，于是我们把锚抛得很深。装备检查无误后，乔尔和杰夫下水了。查利在一旁检查着一周前我们在内克岛［Necker Island，离瓦胡岛（Oahu）不远］背风处用油灰修补过的船体。

安娜和我坐在后舱楼梯上检查装备，计算我们的潜水时间。然后，我们俩也手拉着手下水了。随着深度的增加，海面很快就淡出视线。海面以下洁净无瑕。我能看到查利在下方盘旋，船锚牢牢地竖在他身后。由于配重带不太合身，我花了几分钟进行调整，于是和安娜分开了。安娜似乎在我上方做着同样的事情。

我想我带子上配重铅太多了。我开始找潜水仪表，但一时没找着。当我最终看到潜水仪表的时候，我停顿了一会儿，然后又看了一遍，一阵恐惧如海啸般涌向全身。我意识到我潜得太深了。150 ft，比之前的最深记录还要深60 ft，而且只用了几秒钟。"阿尔基塔"号变成了头顶上方一个小小的轮廓。我没有看到杰夫、乔尔或其他人。往上游的时候，我慌忙地寻找着安娜。我想："她在哪里？"慌乱中，我停顿了一会儿，抬起头搜寻她的踪迹，然后低着头继续找。

她潜得很深。可能在我下方 50 ft，而且下沉速度很快。我感到胸内的肺容积减少了一半。我用尽全力冲向她，下沉的时候尽可能地给自己的耳朵增压。我在脑海中冲她高喊："不！不！不！回来！往上看！"她正在落入下面的黑暗中。"放慢呼吸。"我告诉自己，以防止下沉的时候换气过度。

我抓着她的背心。她当时和我之前一样，在寻摸她从来没用过的潜水装备上的潜水仪表。在我开始给她的浮力补偿（buoyancy compensation，BC）背心充气的时候，我紧紧地抓着她。我们迅速冲向水面。我不知道当时有多深，只是我们的背心充气很快，里面的气体不断膨胀。血管也会出现类似的情况；上升太快的潜水员会因为血管里的 CO_2 形成气泡而死亡，即"减压病"（bends）。

另一波恐惧来了。"我们得回到下面！"我边喊边指着。她信任我。我们沉到了锚链的底端，在那里盘旋了一会儿，然后上升 20 ft、10 ft，最后回到水面。没有参照物可以用于判断深度，身处完全陌生的环境中，带着不熟悉的装备，我们极有可能出现耳膜破裂、减压病和昏迷的状态，但还是像喝醉了似的潜行了 3 mile，抵达了海底生物的栖身之地。我们所经历的这种恐惧源于你知道自己在做蠢事，但还是在做。自从 1991 年跳进科威特的地下掩体以来，我就没有经历过这种感觉。

在那个白天余下的时间里和整个晚上，我满脑子想的都是我们多么的脆弱，这么美丽的生命遭到毁灭有多快，我可能已经失去了这个人，她和我一样迫切地想要看到我们所期望的世界的变化成为现实。安娜在加利福尼亚州的圣莫尼卡（Santa Monica）长大，从小沿着自家房子旁边的小溪追逐野生动物；在她父亲创办的学校念书；在斯坦福大学（Stanford University）念本科；然后在蒙特瑞国际研究院（Monterey Institute of International Studies）攻读环境政策专业硕士。她在西海岸前卫文化熏陶下的成长历程与我在美国南部的行伍经历截然不同，但是我们都有着强烈的道德观念、丰富的科学知识以及对生命内在价值的认同。我不知道失去她会怎么样。我迫切地感受到不能再浪费任何时间。明天是不可靠的，只有现在。

第二天是 2 月 14 日，是情人节。船帆慵懒地悬挂在北太平洋亚热带流涡的中心地带。上午 10 点的时候，甲板上已经有 85°F[①]。查利关掉发动机，打开搅拌机，端上了冰镇果汁朗姆酒。鲍勃·马利（Bob Marley）[②] 附身了。每次考察期间，查利都会选择一天放松休息。这可能是方圆 1 000 mile 之内唯一的派对了。

几个小时过去了，每个人都懒散下来：睡觉、阅读、戴上耳机、注视着光滑如镜的海面上的平静和虚无。安娜躲藏在某个角落。我在船顶找到了她，她正躺在船帆和桅杆组成的摇篮里睡觉。我带着之前一直在思索的念头离开了。

几天前，我捕获到了旁边漂过的一块绿色钓丝。我把它编成了一枚戒指，和我小拇指的尺寸差不多。我爬回了船帆那里，躺在她身旁。

我心里想：“好了，你准备好了吗？”其实我不确定自己当时有没有大声

① 华氏度 = 摄氏度 ×1.8+32。

② 鲍勃·马利（Bob Marley），牙买加唱作歌手，雷鬼乐鼻祖。——译者

说出来。

“怎么了？”她问道，看到了我的紧张。

“没事。”我答道。

“告诉我。我知道你有事。”

“好的，你知道我爱你。”我说道，这个对话开始的方式有点奇怪。她知道我紧张到了极点。她面带笑容，非常开心，琢磨着这个疯狂的小丑怎么了。

我们拥抱的时候，我把手伸进了口袋，分开的时候，我把拿着钓丝戒指的手放在我们中间。

“你愿意嫁给我吗？”我问道，然后停顿了不到一秒，接着说：“其实，其实你不用现在回答。你知道，我想再造一条筏。你可以考虑到我们靠岸……你想考虑多久都可以——关于筏和结婚。”

她如往常一样，嘴角一咧，笑容满面。

“是的，我愿意。”然后我感觉到她用双臂紧紧地抱着我。

“阿尔基塔”号的航海日志会记录每小时的纬度、经度、日期、时间和船速等常规信息。“注释”一栏写着：“情人节，马库斯和安娜在垃圾带订婚了。”

第3章　前进

我震惊于航海员与漂泊者之间巨大的、似乎难以弥合的差异。前者等待有利的风向；后者则不管风吹向哪里都必须航行。从另一个意义上来讲，一个利用自然，一个顺应自然。航海员是英雄主义者，漂泊者是浪漫主义者。虽然漂泊者经常也会扬起风帆，但是他只有在风直接——或者几乎——从背后吹来的时候才会这样做。

——P. J. 卡佩洛蒂（P. J. Capelotti）

《海上漂泊》（*Sea Drift*），2001 年

“垃圾”号将是我的第 8 艘筏。在我的航行途中，我描画了裹在渔网里的塑料瓶所组成的细长浮箱，横绑在甲板上的船桨，看着像巨型狗窝的船舱，还有在风中扬起的方帆。塑料瓶是造船的理想材料。它们不会下沉，牢固结实，抗紫外线，而且可以一直用几十年。20 世纪 90 年代，消费者相信了瓶装水比自来水更好，于是他们购买的瓶装水数量超过了牛奶和啤酒；到了世纪之交，他们在瓶装水上的花费甚至超过了汽油。今天，尽管瓶装饮用水的标签上画着山川和瀑布，但它们很可能是在当地装瓶的，且塑料瓶可能含有渗入的增塑剂（plasticizer）和微塑料纤维，而且这个行业完全不受质量标准的约束，并非水龙头里流出来的免费自来水有标准要求那样。路边和海滩上到处都是塑料瓶。它们会顺流而下、漂洋过海。哪怕你刺破了筏上的一个塑料瓶，另一个瓶子可能正从身旁漂过。

2004 年在密西西比河取得成功后不久，我就与朗代尔（Lawndale）环境宪章高中（Environmental Charter High School）的学生们一起建造了洛杉矶河（Los Angeles River）“可乐皮艇”（Cola Kayak）。我们在洛杉矶久旱后的第一

场大雨中启程，这场雨把排水管、路边和流浪汉临时居所的垃圾冲到了海里。雨水里有数百万的塑料袋、瓶子、瓶盖、杯盖、泡沫塑料杯、吸管、刀叉、网球、卫生棉推导管、咖啡搅拌棒、番茄酱包、薯条和糖果包装纸，以及洛杉矶各种品牌的快餐包装。离开地面的雨水沿着洛杉矶河的混凝土河堤和河床奔涌而下，完全符合美国工程师协会（US Corps of Engineers）设计它们时的初衷——让水迅速离开地面。我们的旅程是快速的三天之旅，途中被当地警察打断了三次。（“让我跳上去。”两名警察一边说话，一边摆姿势拍照，而不是像其他警察那样护送我们上岸。）[1]

建造瓶子船成为一种爱好、习惯和痴迷。截至2006年，我乘坐“瓶子火箭”在密西西比河上共漂流了2 300 mile，乘坐前面提到的“可乐皮艇”在洛杉矶河上共漂流了52 mile，乘坐“无能塑料”号（Spastic Plastic）在佐治亚州（Georgia）的查特胡奇河（Chattahoochee River）上共漂流了8 mile，乘坐“塑料毒药”号（Plastic Poison）在阿拉斯加州的朱诺（Juneau）共漂流了1 mile。此外，还乘坐“波托马克袭击”号（Potomac Attack）在白宫附近漂流了0.5 mile、横渡波托马克河（Potomac River），乘坐“侥幸”号（Fluke）沿着加利福尼亚州海岸航行了226 mile；我在塑料瓶船上一共航行了2 587.5 mile。我盼望着下一次横渡大洋。

“侥幸”号是试水远洋航行的塑料瓶船。那时，我还不认识乔尔和安娜，“‘垃圾’号”这个名字还不存在。其实，一开始选的名字是“‘普拉斯提基’号”（Plastiki）；2006年，我在佩珀代因大学（Pepperdine University）举行的2006年加利福尼亚科学教育协会会议（2006 California Science Education Association Conference）的讲座中宣布了这个名字。“我们以此致敬海尔达尔（Heyerdahl）的‘康提基’号（Kon-Tiki）。”我说道。它会是个完美的名字。或者说我认为如此。

几周后，我与清洁海洋联盟（Clean Seas Coalition）的成员进行了一次电话会议，讨论了城市塑料袋禁令。其间，我提到了这个项目。

“我们把它叫作‘普拉斯提基’号。”空气凝固了片刻，直到莱斯利·塔米宁（Leslie Tamminen）打破了沉默：“但是《国家地理》（*National*

Geographic）也有人在做同样的事情，也叫作‘普拉斯提基’号。”同样的双体船设计，同样在 2008 年前往夏威夷，同样的任务和名字。我下巴掉到地上。

“这不可能。”我对自己说。在网上搜索这个名字，出来的只有东非塑料行业的网站（“普拉斯提基”在斯瓦希里语中是“塑料”的意思）和可选用的域名。我购买了“plastiki.org”这个域名，并建立了一个网站，里面有一张“侥幸”号塑料瓶筏起伏漂过大西洋的动画图片。6 月 19 日，我收到了国家地理学会（National Geographic Society）探索者项目负责人苏珊·里夫（Susan Reeve）发来的邮件，她要求我们终止“普拉斯提基”号项目。据里夫所说，戴维·德罗思柴尔德（David de Rothschild）是第一个想到它的人。我坚持自己的立场，绝不放弃这个名字和乘坐筏穿越大洋的计划。我是个傻瓜，忽略了整体形势。我意识到，我不是第一个要做这件事的人。

继托尔·海尔达尔（Thor Heyerdahl）的“康提基”号之后，大约有 50 次广为人知的筏艇探险。尽管公海冒险有着崇高的目标和传奇的故事，但是这些筏艇考察经常遭遇极其自以为是的竞争对手，他们充斥着对公众和专业的侮辱，抹黑了筏艇和事业。

筏艇航行的黄金时代始于 1947 年的“康提基”号，如果你忽略数个世纪以来波利尼西亚人在各岛屿之间的航行技术，或者用来逃向新生活的成千上万艘筏。正如“康提基Ⅱ”号（Kon-Tiki Ⅱ）的成员图尔盖·塞夫鲁德·西格拉弗（Torgeir Sæverud Higraff）于 2016 年 1 月抵达复活节岛（Easter Island）后所说：“在古代，筏用于躲避战争、贫穷和政治。厄尔尼诺、地震、火山爆发和干旱等灾害过后，人们乘坐筏寻找新大陆，开始新生活。如今，这些坐筏的人只会找到更多政治。”[2]

70 年前，文化人类学家海尔达尔提出，波利尼西亚与南美洲（Polynesia-to-South America）之间的文化交流不是单向的。西红柿或南美番薯如何传到复活节岛？1947 年，他驾驭巴沙原木制成的“康提基”号从秘鲁的卡亚俄（Callao）启程，历经 101 天共计 4 300 mile 的航行，最终抵达了法属波利尼西亚（French Polynesia）的土阿莫土群岛（Tuamotu Islands）。他的全体船员包括5名挪威船员和1名瑞典船员，在有利的天气条件下，乘坐着摇摇欲沉的筏一路长途跋涉，速度比虫子挖洞快。他们沿途拍摄的纪录片获得了1951年奥斯卡金像奖，一举成名。

因有感于被冲到法国海岸上的遇难者遗体，一位受到训练的医生阿兰·邦巴尔（Alain Bombard）于1952年开始了他的旅程，只为证明仅靠一条小筏、一些鱼钩和一台用来从鱼体内榨出汁水的水果榨汁机就足以在海上生存。他离开了妻子和一个月大的孩子，乘坐“异端”号（L'Hérétique）充气艇，从加那利群岛（Canary Islands）启程，向西漂往美洲。65天后，他到达巴巴多斯（Barbados），瘦了50 lb，遍体鳞伤。今天的海上救生包里就包括他当年用的鱼压榨机。

1954年，威廉·威利斯（William Willis）建造了“七姐妹”号（Seven Little Sisters）——几乎是“康提基”号的复制品，他独自沿着海尔达尔的路线航行，只不过比后者多走了2 200 mile，到达美属萨摩亚（American Samoa）。他依靠海水和黑麦糊生存了下来。10年后，即1964年，他建造了“无限时代”号（Age Unlimited），只身从秘鲁航行11 000 mile到达新几内亚（New Guinea），历时204天。之后，他又转向了北大西洋。1968年5月2日，74岁高龄的威利斯从纽约长岛（Long Island）出发，乘坐筏前往欧洲。两个月后，一艘苏联拖网渔船在距离爱尔兰海岸400 mile处的水下打捞到了他的筏，船长已经不见踪影。威利斯保持着单人漂流时间最长的纪录，直到萨尔瓦多·阿尔瓦伦加（Salvador Alvarenga）航行了438天后抵达马绍尔群岛（Marshall Islands），他的捕鱼船于2012年11月在墨西哥海岸附近出现发动机故障。

更加别具一格或许也最接近“垃圾”号筏艇航行之一的是“利哈伊Ⅳ”号（Lehi Ⅳ），一艘重9 ton的木船，4名船员于1958年乘坐这艘船从加利福尼亚州海岸出发前往夏威夷。半个世纪后的今天，我们将会重走这条航线。

德维尔·贝克（DeVere Baker）是加利福尼亚一家造船厂的业主，也是一名虔诚的摩门教徒。他曾提出夏威夷的原住民是白人，而且打算证明该论点。

他的理论源于《摩门经》中先知利哈伊（Lehi）的一句话："上帝的声音传递到我父亲耳边，告诉他我们应该起身上船。"[3] 贝克确信，波利尼西亚人本来不会定居在夏威夷。他认为，皮肤白皙的美洲人沿着北美西海岸航行时，一名航行者在海上迷失了方向，无意中漂到了夏威夷。"很快，温暖的阳光和日照将他们白皙的皮肤染成了古铜色，增加的黑色素——大自然的着色剂——遗传了一代又一代，直到能够适应热带阳光的婴儿出世，上苍已给他的皮肤染上了保护色。"[4]

他邀请了唐·麦克法兰（Don McFarland），麦克法兰当时正在寻找大学期末论文的主题。麦克法兰正乐得整日读书钓鱼，而此刻贝克宣讲道"耶稣命我接受阳光"。8 天后，他们到了瓜达卢普岛（Guadalupe Island）附近，他们必须决定是去岩石海岸的东侧还是西侧。不管明智与否，他们选择了西侧，接下来的两天里他们日夜保持警惕，整理好了所有应急装备，以防船只被巨浪打翻。（50 年后，乔尔和我选择了东侧，在岛后面的巨大漩涡里被困了 3 天。）

唐密切关注着我们的旅程，成了我们的导师。他反复叮嘱我们要像他之前那样带一副备用鱼叉以防丢失。"下水之前一定要先看看周围有没有鲨鱼。"他说，又补充道："还有用 T 恤捞浮游生物。"在"垃圾"号上，我们没看到大鲨鱼和金枪鱼，我们的航程比他的多了 20 天，只捕到了 16 条鱼。每次我们撒网捕捞浮游生物的时候，捕捞物里的微塑料垃圾总是占多数。

1968 年，海尔达尔乘着薄如纸片的"拉Ⅰ"号（Ra Ⅰ）再次启程，起点是摩洛哥的萨菲（Safi），希望证明腓尼基人将技术传入南美洲的时间远早于西班牙人和葡萄牙人，不管是有意而为还是迷失方向后无意为之。这让巴西坐不住了。持怀疑态度的人士轮番预测"拉Ⅰ"号会沉没。他们是对的。8 周后，一艘渔船救了在联合国旗帜下行动的海尔达尔和 7 名国际船员。当时，他们正抓着浮在海面上的筏艇残骸。两年后，他建造了"拉Ⅱ"号（Ra Ⅱ），然后航行了 3 270 mile 到达巴巴多斯，历时 57 天。海尔达尔和船员在报告中声称沿途发现了沥青块，他们将样品带到了联合国。他们的报告是关于海洋污染的首次公开讨论。

关于漂流，“拉Ⅱ”号上的船员圣地亚哥·赫诺韦斯（Santiago Genovés）有自己的想法，于是，他建造了“阿卡利”号（Acali），这是一个巨大的泡沫塑料盒子，上面画着令人眩晕的漩涡图案，就像动画片《黄色潜水艇》（*Yellow Submarine*）里的天空一样。赫诺韦斯解释道：“阿卡利实验不完全是科学，也不完全是海上漂流记。它是一次大胆的实验，关于在隔离的漂浮实验室里的人类行为，是一次真正的海上探险，志愿者同意承担参与实验的风险，获得有关暴力世界中的攻击、冲突、误解与和谐的数据。”[5]

船上有6位女性和5位男性，赫诺韦斯对在船上的需求制定了三条规则。在横穿北大西洋的中途，赫诺韦斯写道：“筏上的理智氛围差强人意。”

赫诺韦斯描述了距离尤卡坦（Yucatán）不到300 mile的一片“令人作呕、污秽不堪和严重污染的海域”。那里有大小不一的沥青块，从小如稻粒到大如5 lb的甜瓜都有。1973年7月16日，船员把1条220 lb的鲨鱼拖到了船上，它的牙缝里面全是油块。（20世纪70年代，运油船在回国的时候通常会把空船里的油污清除掉。）

仅仅1年前，E. J. 卡彭特和K. L. 史密斯发表了第一篇关于海洋塑料污染的研究论文，声称发现了扁豆状的聚乙烯，也被称作原料颗粒（preproduction pellet）或者“塑料颗粒”（nurdle）。[6]这些颗粒是生产塑料制品的原料，在被火车、货车和船舶运往世界各地的途中很容易泄漏。它们的设计方式也完全适合长期存在于海洋里——坚固、球状，而且往往涂有紫外线抑制剂。

1973年，美国国家科学院（National Academy of Sciences，NAS）海洋事务委员会（Ocean Affairs Board）召开会议，讨论海洋石油污染物的源、汇和解决方案，包括赫诺韦斯乘坐“阿卡利”号时发现的那些沥青块。美国国家科学院估计，至今已有671.3万t的石油进入海洋环境：一半来自陆地，另一半则来自海上航船，包括石油泄漏事故、船舶清洗活动，甚至故意将余油倾倒入海的行为。[7]鉴于此，政府间海事协商组织（Intergovernmental Maritime Consultative Organization，IMCO）制定了《国际防止船舶造成污染公约》（MARPOL 73/78），主要目的是制止船舶向海洋排放石油。[8]在实施这些新限令之后的 10 年里，沥青块明显减少。[9] 1988 年，该公约进行了修订，增加了附则Ⅴ，禁止在任何地点向海洋排放任何形式的塑料。截至 2013 年，附则Ⅴ已经禁止一切类型的垃圾倾倒入海。

回到“阿卡利”号，这艘筏在航行了 101 天后于 1973 年 8 月 20 日靠岸，赫诺韦斯有很多关于海洋塑料污染的故事以及在海洋上对生活的社会文化观察可以讲述。但是媒体只想了解一件事。此后，出现了许多其他的筏艇项目，充斥着有歧义的浮夸目标和夸张的戏剧效果。

“维拉科查”号（Viracocha）是菲尔·巴克（Phil Buck）建造的芦苇筏，于 1998 年成功地从智利漂流到复活节岛，完成了西班牙人类学家基汀·穆罗斯（Kitin Muñoz）多年前尝试未果的航程，后者当年乘坐的是体量大得多的“马塔·兰基”号（Mata Rangi）（最后断成两截沉没了）。紧接着是一场争执，表面上是关于原始造船方法的可靠性，实则是关于谁首先证明了靠一条芦苇筏可以完成这次航行。“这条船建造于玻利维亚（Bolivia），内部是塑料线，外部是自然纤维。”穆罗斯说道，同时向媒体指出巴克是用合成线绳把芦苇连接在了一起。“个人来讲，我认为那个项目是一场骗局。”他补充道。虽然巴克也用了塑料，但是他的筏仍然很原始。巴克亲自去找海尔达尔，后者认同这一观点。意识到这两名航行者忽略了大局，海尔达尔说道：“经历不如良好的幽默感重要。”

现在回到这两艘“普拉斯提基”号，两者都担负着崇高的任务，让世界意识到日益严重的环境灾难，两者的设计和航线也一样。如果有人认为我要乘坐飞机废料和塑料瓶制成的筏横跨太平洋垃圾带这一想法不如之前的筏艇探险荒谬或者冒险，那一定是自欺欺人。但是，我怎么也没有料到，有人要在同一年乘坐同样名为“普拉斯提基”号的塑料瓶筏进行同样的旅程。虽然我在谈论自己的下一次筏艇航行时提到了几百次“‘普拉斯提基’号”这个名字，但是它没有被记录在打印材料或录像当中。2007 年 6 月，我给戴维·德罗思柴尔德发送了一条消息。

5 天后，他的管理公司回复了我，询问我首次使用这个名字是在什么时候，以及我能否提供证明。经过一段长时间的邮件沟通后，该公司指出，戴维在2007年的一次采访中提到了"'普拉斯提基'号"，这也是"'普拉斯提基'号"唯一一次在我的网站创办之前被提到。"英雄所见略同，还是笨蛋人云亦云。"一位朋友说道。

我想我可以接受这一点，并以一种可以反映我的核心价值观的方式做出回应。这是我给自己讲的一个美丽故事，但事实上我的情绪变得很紧张。这是一场令人尴尬的、愚蠢的争吵，是一场关于接受谁将用塑料瓶横渡太平洋的斗争。非常愚蠢。德罗思柴尔德的船能比我的筹集到更多的资金，可以引起更多的人注意，所以从大局上看把它留给他更好些。但我坚持这是我的主意。

在接下来的几天里，我的意志慢慢动摇了。"随它去吧。"我对自己说道，眼看着为自己奋力争取的决心逐渐淡去。审视着自己，我明白了这些情绪的本质和缘由，决定随它去……先这样吧。

我长叹一声："让它见鬼去吧。"初春之际，我带着些许主观情绪回复了德罗思柴尔德："我们为一样的航程想出了一样的名字，这真是个喜忧参半的巧合，我觉得挺奇怪的。既然你先用了，那我再用这个名字就没有意义了。"

在那些敢于漂洋过海的漂流者和漂泊者身上，我们看到了社会的缩影："利哈伊Ⅳ"号上的宗教狂热，"康提基"号上的挪威英雄和围绕复活节岛的自我意识。每一次旅途都折射出我们在陆地上所面对的挑战，反映了各种分心和社会冲突让人心烦意乱的情境和社会性的戏剧，这些困扰着科学家和社会运动的因素也分散了我们对手头任务的注意力。正如在反伊拉克战争的抗议活动中认识的一位朝鲜战争老兵曾提醒我的："关注最重要的事情！"

这些漂流探险有一个共同特点，那就是与世隔绝的浮岛上的空间、食物和淡水十分有限，一旦忽视秩序就会迅速乱作一团，这对未来很有借鉴意义。这样一个人口过剩、资源紧缺和污染严重的社会缩影也折射了当今地球生物圈所面临的挑战。我们的生物圈本质上也是一艘漂泊的筏。我们却一直没有关注最重要的事情。

"'普拉斯提基'号"被排除，我们得想一个新的名字。我向安娜提议"太平洋漫游"号（Pacific Ocean Rover），她转转眼珠想了想。她汇总了几个船员的提议："碎片"号（Patchy）、"垃圾无踪"号（Freedom from Debris）、"传球"号（Net Baller）和"加百吉"号（Garbagio），最后这个听起来更像是拉斯韦加斯（Las Vegas）的一座赌场。如果我来自塑料行业，我可能会从"回收者"号（Recycler）或"油腻聚合物"号（Dandy Polymer）当中选一个。

毕竟，我们的话语反映了我们的政治观点。加州大学伯克利分校（University of California，Berkeley）的认知语言学家乔治·莱考夫（George Lakoff）在《别想那只大象》（*Don't Think of an Elephant*）中描述了分裂的美国政治：保守派倾向于树立威严的父亲形象，以约束子女的行为；等子女长大成人后，父亲就会放手让他们自主选择做自己最精通的事情。[10] 这种思维方式渗透到了保守派的价值观里，衍生出了对大政府和昂贵社会项目弊端的批判。谈到塑料垃圾问题时，他们认为行业应关注人的错误行为，那些乱丢垃圾的人需要被惩处，而不是把重点放在塑料制品上。这种观点认为，这些生产企业很负责任，知道自己在做什么，因此不需要受到监管。保守派称塑料垃圾为"废品"（litter）。

与此相反，进步派倾向于培养平等和群体价值观，呼吁社会和环境公平，指出企业影响凌驾于内政外交政策之上。谈到塑料垃圾问题时，他们认为产品监管和个体责任应该并重，政府的职责是落实保护人民和环境权益的法律法规，而不是维护少数企业的特殊利益。进步派称塑料垃圾为"污染"（pollution）。

当公众在 21 世纪初意识到塑料垃圾问题的时候，它被称作"海洋碎片"（marine debris），这个正面的术语在此前的数十年里被用于描述冲到海洋里的天然材料和偶尔冲到岸上的失事船舶。但是，由于 90% 的海洋外来物是石油基塑料，"海洋碎片"和"海洋丢弃物"这两个术语都不合适。一些假装公正客观的科学家继续使用"海洋碎片"，并错误地提出使用"塑料污染"这个术语是一种政治宣传。这些科学家没有意识到的是，使用"海洋碎片"这个术语则让行业更加理直气壮地拒绝承认环境中的塑料是污染物。

美国化学理事会通过赞助其他机构或者会议来争取定义术语，比如 2011 年在檀香山（Honululu）召开的第 5 届国际海洋碎片会议上，持进步观点的非政府组织被有意排除在外。2011 年的会议上，理事会成员起草了会议对解决塑料污染的立场文件，即《檀香山战略》（*The Honululu Strategy*）。[11] 2013 年 12 月 9 日，联合国环境规划署、联合国开发计划署（United Nations Development Programme，UNDP)、美国环境保护局与海洋保育协会齐聚华盛顿，讨论解决塑料垃圾问题。美国环境保护局 2 区的区域行政官茱迪丝·恩克（Judith Enck）——一位不留情面、怒气冲冲的发言人——称海洋保育协会为“做清洁的人”，海洋保育协会不甘示弱，给所有与他们的观点和塑料行业观点对立的团体贴上了“激进的非政府组织”的标签，就像共和党面对他们不认同的司法裁决时，会称呼该法官为“激进法官”。

所以，究竟是垃圾、碎片还是污染？想象一下 1989 年阿拉斯加海岸“埃克森·瓦尔迪兹”号（Exxon Valdez）油轮漏油事故的新闻大标题是“船舶的石油碎片需要回收利用”。海洋中的塑料就是污染。我们的用词很重要。

“我们给筏起个什么名字？”订婚后的某天，我在“阿尔基特”号船舱后部问安娜。

在靠岸前，我问乔尔想不想跟我一起横穿太平洋。安娜向他解释了我们的想法。一周后，他说道：“我加入。”我松了一口气。我清楚，如果没有他，我就无法完成这次航行。

我们开始讨论具体细节，首先是筹集资金。因为我坚持要 6 月 1 日出发，所以我们在气旋季来临前只有 3 个月的时间完成所有准备工作。我们三人还讨论了后勤、资金和通信。我们同意用垃圾制作筏。一回到家，安娜就联系了伯班克回收公司（Burbank Recycling）和几所学校收集塑料瓶，乔尔则在废品堆放场找寻旧的帆船桅杆和渔网。

“‘垃圾’号怎么样？”安娜说。“就是它了。”乔尔很喜欢，认为它定义了海洋垃圾——一旦进入海洋，就不可能进行回收，因为上面附着了有毒的持久性污染物。对我来说，这个名字言简意赅。

就是"'垃圾'号"了。

"你们会成为鲨鱼饵！"杰夫·福尔瑟姆（Geoff Folsom）大笑，认为我们的项目非常滑稽。"我会提供你们需要的所有瓶子，外加一条猪排项链！"伯班克回收公司的首席执行官杰夫说道，他还让我们戴上安全帽参观了他的工厂，城市垃圾沿着鲁比·戈德伯格[①]传送带被分拣。磁铁很快将废铁吸走。废报纸从混合物里被吹走，玻璃则被丢到另一个垃圾箱里。然后，光学分选器把塑料按照聚合物类型进行分类，再用气流把聚对苯二甲酸乙二酯（polyethylene terephthalate，PET）吹进一个孔里，把高密度聚乙烯（high density polyethylene，HDPE）吹进另一个孔里。最后，一排戴着厚手套的男女工人从传送带上拿走他们所负责的材料。其中一人只拿牛奶罐，另一人只拿铝罐。还有一根布满锋利绞齿的巨大转轴，用来分割硬纸板。"塑料袋会卡在这里，堵塞系统。"杰夫说道。"这东西会四处飘。上面往往布满其他垃圾，像狗便一样。处理起来很头疼。"

杰夫把塑料瓶从一个大垃圾桶里倒在我们脚下的时候，安娜、乔尔和我站在外面。他开着一辆叉车，像个骑小轮车的孩子，后轮支撑着车子在工厂里进进出出。他比我更享受和垃圾玩耍。

要建一艘船，你需要 PET 汽水瓶。这种瓶子的瓶壁较厚，带垫圈的瓶盖可以密封加压 CO_2，非常完美。相比之下，典型的饮用水瓶则没什么用。它们太薄，很容易破裂，如果你一脚踩上去，瓶盖就会飞出去。为了估算筏需要的汽水瓶数量，我们把秤绑在一个 2 L 的瓶子上，然后扔到邻居家的水池里，计算出中性浮力是 5.5 lb。不能让塑料瓶筏沉下去。在接下来的几周里，我们又去了几次伯班克回收公司，我的小货车上装满了成千上万个瓶子。每次去那里，杰夫都提醒我："别忘了回来拿猪排项链！"

---

① 鲁比·戈德伯格机械（Rube Goldberg machine）是一种被设计得过度复杂的机械组合，以迂回曲折的方法去完成一些其实非常简单的工作，例如倒一杯茶或打一颗蛋。——译者

在伯班克回收公司见到杰夫后的那天，安娜和我与马克·卡佩莱诺（Mark Capellano）碰了个面。“你需要1万（美元）。”马克说道，同时给我们带来了摩天楼基金会（Skyscrape Foundation）的礼物，他在这个家族基金会里有一席之地。他来自华盛顿州的斯波坎（Spokane），为人谦和，在家里的6个孩子中排行老幺，父亲是一名邮差，普通的蓝领家庭出身。他很清楚一小部分心怀热忱的草根民众的力量，我们还向他保证会充分利用每一分钱，虽然这有些多余。

几天后，长滩太平洋水族馆（Aquarium of the Pacific）的首席执行官杰里·舒贝尔（Jerry Schubel）在他的办公室接见了我们。自从加利福尼亚州海岸附近的垃圾带见诸报端后，他就知道了我们。我们聊了“垃圾”号，随口提了一下水族馆前门旁边的那一大片草坪。“行，你们可以在那造船。”他说道。

从北太平洋亚热带流涡回来之后不到1个月，我们就找齐了所需的瓶子，以及启动资金和建造“垃圾”号的场地。离出发日期6月1日不到两个月了。

“在这转弯。”我对乔尔说。他驾车驶入加利福尼亚州洛杉矶市的“飞机坟场”后停下。我们走近的时候，看到一架战斗机半掩在沙地里，似乎着陆时就是那样，像一只飞镖。一架波音747的座舱从窗户以下被横向切开，形状就像半圆形的活动营房，直通“坟场”的办公室。“选一个你想要的，我找个起重机给你吊出来。”经理说道，眼睛几乎没有离开他的办公桌。方圆几公顷全是飞机，大部分的机身和机翼已经分离，无序地摆放在一起，像困在水洼里的蝌蚪。乔尔和我从一架飞机跳到另一架飞机；不然也没有道路让我们畅行其间。在一堆机身中间的深处，我们找到了一个窗户和舱门完好无损的机身。很快，一辆起重机就把它吊过我们头顶，缓缓地放在我的货车后面的挂车里。机身上的沙土倾泻而下。

我们把水族馆前面的一小片草坪围了起来，开始把垃圾堆在这里。馆里的参观者不约而同地走过来问同样的几个问题——尤其是：“你们疯了吗？”这也可以理解。

一名 11 岁的小女孩从同行的同学那里走过来问道：“你们是不是要把瓶盖粘上？”

“不是，用手拧紧就行了。”我答道。“我之前做过。”说完我就后悔了。

在过去的几周里，乔尔从废旧帆船上拆卸了十几个桅杆、几个船舵和一些旧帆，他还在钓鱼码头寻找废弃的渔网。“垃圾”号真是船如其名，我站在我们的室外工作坊旁想着。

水族馆馆长杰里走出来问道：“你们有没有准备好展示一些什么？管委会正纳闷为什么这儿会有一堆垃圾。”我理解，他可能之前承诺了具有些许美学价值的东西，而不是垃圾堆。到了 5 月 1 日——出发前 1 个月——筏已基本完工。渔网浮箱有一半已经装满了几千个瓶子，多亏了两支高中团队的支持——环境宪章高中的“绿色使者”（Green Ambassadors）和圣莫尼卡高中（Santa Monica High School）的“海洋队”（Team Marine）。我们在他们的教室里制作了长 30 ft 的槽，把网铺在里面，冲洗瓶子，再把瓶子里面填满。乔尔在废旧船上找到了甲板上所需的桅杆。没有使用任何钉子、螺丝和螺栓，我们仿效波利尼西亚人建造筏的技术，把桅杆绑在格栅里。我花了数小时在工作坊里焊接那两个回收的船舵所需的支座和两根桅杆所需的底板，这样就能组成 1 个“A”形框架。顶部的“Y”形板以一定角度支撑着两根桅杆，上面还留出了放置雷达设备的空间。最后，我们取出了 1 个磨轮，把机身上多余的螺母和螺栓卸掉，这样它的重量就低于 300 lb 了。用加固带把它固定在甲板上。

最后的几周里，我们加班加点工作。赞助方捐赠了太阳能电池板和风力发电机，为我们全新的电子通信和导航系统供电，另外还有几部卫星电话。“探险者”号卫星（Explorer Satellite）给我们提供了几千分钟的免费通信，全食超市（Whole Foods）给我们捐赠了价值 1 000 美元的用品。最终，“垃圾”号成为一艘功能完备的船，还在加利福尼亚州机动车管理局（California Department of Motor Vehicles）登记了。我们的项目总预算不足 4 万美元，包括全新的导航和通信设备、机票、船运、食物、保险、工具、灯具、线路、捕鱼设备（捕鱼枪等）、医药箱、救生筏以及造船期间给每人发放的菲薄工资。到了5月底，预算捉襟见肘，于是我们继续筹集资金，以支付额外的卫星通信时长。那个时候，我们主要的资金来源是我的维萨（Visa）卡。

启程之前最后一周，也就是2008年5月底，安娜和我在市里做了几场讲座，我们还现身帕萨迪纳市议会（Pasadena City Council）前，为一项垃圾袋禁止条例的提案发言。这些垃圾袋禁止条例正在全美各地出台，代表了解决塑料垃圾问题的前沿性工作。因为给议会决议投了否决票，帕萨迪纳市市长让民众大为不满，于是他们聚集在了市政厅前。（几年后，迫于持续的公众压力，市长决定一改故辙。）开车回家的路上，我们一言未发。

“什么事情都可能出差错。”我打破了沉默，开始了我们都一直在竭力回避的话题——关于之后的航行。

“我不想去想它。”安娜回答道。这艘筏可能会失败。几天后的启程可能就是这一切的终点。

“爱，还是正义？”我问道。我们所做之事的风险让我们现在更加清楚，已经没有多余的时间了。如果罪行就在你眼前——民众和地球深受垃圾荼毒，导致众多家庭居住在填埋场上、海洋里垃圾遍布，而与此同时，污染者通过操纵公众认知和政策决定来逃避责任，那么爱的价值是什么？

“当我们可以集中精力做更多工作的时候，我们却在恋爱上投入这么多的时间，这让我觉得自己很自私。”我指的是我们共度的许多个周末和夜晚，这些时间本来可以用来更努力地推动塑料袋禁令和航行规划。

“它们是一回事。”安娜说道，“我们爱我们所关心的。你对我来说就像家一样，或许就是我们未来的家。爱是一切。爱造就了正义。”

我们对彼此的爱激发了我们的同情心，奠定了我们的工作基调。这项工作也是一种自我保护。对它最恰当的描述是相互利他主义——我通过关心你来关心我自己。在未来的几周里，乔尔和我也将在“垃圾”号上经历这些。这个逻辑可以延伸到每个人，只要某人的痛苦和你的状态之间存在因果关系。我们必须要关心他人，这样他人才愿意回馈社会。

爱和正义：没有必要加以区分。

2008 年 6 月 1 日，距出发地 0 mile

加利福尼亚州，长滩，彩虹港（Rainbow Harbor），启程之日

（纬度 33°45′，经度 118°11′）

唐·麦克法兰——1958 年出海的“利哈伊Ⅳ”号上的 4 名船员之一——顺着甲板向我们走来。70 多岁的他小心翼翼地爬上了“垃圾”号。“希望你带了我之前跟你提过的备用鱼叉。”他说道。

在缅怀了德维尔·贝克之后，他从飞机仪表板上拿下来 1 根马克笔，在挡风玻璃上方写下了“IMUA”。“它的意思是‘前进’。”他向我们解释这个夏威夷语词汇的意思。“我们之前也把它写在了‘利哈伊Ⅳ’号上面。”

两天前，戴维·德罗思柴尔德联系了我。我之前对他的疑心很愚蠢。他的话提醒了我，航海者之间存在着一种内在的同事情谊，或许是因为在远离海岸的地方有着共同的朋友和敌人。5 月 29 日，还有两天就启程的时候，他给我发了一条斯多葛（stoic）风格[①]的信息。

> 马库斯，我相信你会取得成功，会继续加强人们对这个问题的必要关注。一路顺风，旅途平安。
>
> ——戴维

① 斯多葛风格：古希腊和罗马帝国思想流派，以伦理学为重心，强调神、自然与人为一体，“依照自然而生活”。——译者

第 4 章　垃圾收集癖：我们对东西的痴迷

这就是你生活中所需要的一切，一个放置自己东西的小小地方。你的房子只是一个存放自己东西的地方。如果你没有那么多东西，你就不需要一栋房子。一直四处漂着就可以。

——乔治·卡林（George Carlin），1986 年

我们掌握了收集东西的窍门。1955 年，《生活》（*Life*）杂志发表了一篇名为《抛弃型生活》（“Throwaway Living”）的文章，配图是这样的：一次性杯子、袋子、盘子和用具从空中撒向一位母亲、父亲和女儿。[1] 文章开头写道：“清理图中四散飘落的物品需要花 40 个小时——除非主妇不想费这事儿。它们都是用完即弃的物品。”这篇文章预示着一种以大规模生产和有计划的废弃为特征的经济模式，这种模式持续占据着主导地位，成为这个文化时代的显著标志。

不管是因为风尚的改变还是生产的产品不够耐用，我们总是要做好不断买东西的准备。广告心理学优化了针对各个群体的产品销量。平均来说，一名 18 个月大的小孩在上一年级前能认识 200 个品牌。[2] 不幸的是，身体质量指数（body mass indexes，BMIs）的提高和认识的“金拱门和疯兔子”等品牌数量之间存在高度相关性。[3] 欧洲塑料协会（Plastics Europe）——仅次于美国化学理事会的第二大商业游说机构，声称 2013 年全球只生产了 3 亿多吨的塑料消费品，而这个数字在 20 世纪中叶时几乎为零。没有被烧掉、埋掉或者循环利用的塑料要么堆在阁楼里，要么漂在海上。反正没有消失。

2008 年，就在我、安娜和查尔斯·穆尔出航前 2 个月，我拍摄了一段模

仿气象频道的讽刺视频，标题为“击落瓶子”，画面开始于蓬特山垃圾填埋场（Puente Hills Landfill）的中部。作为《突击队天气》（Commando Weather）[①] 节目的重复角色，我来到密西西比河西侧最大的垃圾场，看看我们的垃圾“消失”之后会经历什么。房子大小的推土机隆隆作响，碾过垃圾堆，将其夷平，这些垃圾来自洛杉矶的千万户家庭。此时，烟火在我头顶上方爆炸。海鸥的粪便呼啸而下，溅了摄制人员一身。“它们会把鸡骨头扔到邻居家的游泳池里。”一名业余烟火师解释道，“烟火可以把它们轰走。”

直到 2013 年关闭前，蓬特山垃圾填埋场堆放了洛杉矶一半的生活垃圾—— 每天 1 300 ton 的垃圾被埋进高 500 ft 的垃圾堆里，里面夹杂着垃圾、砂土以及来自污水处理厂的干燥废弃物。作为美国最大的陆上垃圾场，这简直是一个粪便三明治。

亚利桑那大学（University of Arizona）的人类学家威廉・拉思杰（William Rathje）创造了“垃圾消费学”（garbology）一词，指的是研究填埋场里的手工艺品的学科，属于当代考古学的一个门类。他启动了“垃圾项目”，对即将被运往垃圾填埋场的 25 万 lb 垃圾进行了多年调查。他和学生对垃圾进行了细致的整理和归类。他们估计，20%~24% 的被填埋垃圾是塑料，40% 是纸类，其中三分之一是新闻用纸。这个比例构成似乎同样适用于蓬特山，我在那里翻越了一堆又一堆的杂志、报纸、建筑木材、秋千架、花盆碎片、黑色袋子、白色袋子、泡沫塑料和各种五颜六色的破损玩具。我弯下身捡起了一个脏兮兮的人偶，把它装进口袋里，作为自己的收藏品。

根据世界银行（World Bank）的估计，全球所有城市每年产生 13 亿 ton 固体废物，预计到 2025 年这个数字将翻番。[4] 美国环境保护局也在追踪我们的垃圾，预计仅 2013 年美国城市就产生了 2.54 亿 ton 的固体废物，其中堆肥处理或循环利用了 8 700 万 ton。[5] 即 34.3% 的转换率，这意味着，几乎三分之二的垃圾被掩埋、焚烧或丢弃在环境中。我们已经在远离陆地的大洋中部

① Commando Weather 是作者担任主持的一档节目，提供特别的海洋天气预报，为海上游艇和帆船提供专门服务。——译者

发现了漂浮的垃圾，而掩埋在湖泊与河流中的垃圾更是不计其数。

在洛杉矶县（Los Angeles County），我调查了埋在洛杉矶河、圣加夫列尔河（San Gabriel River）和巴罗纳河（Ballona Creek）底的塑料垃圾，这些流域覆盖了大约 4 130 km^2 的城市、郊区、农村和工业区——居住着 370 万人。稀少的冬季降雨、浇灌草坪的水、车辆清洗用水和县里六七家工厂的废水尽数流入这 3 条混凝土衬砌的河流［就是你在电影《油脂》（*Grease*）和《终结者 2》（*Terminator 2*）中看到的那样］。在距离海岸 1 km 处，混凝土河堤和河床为自然沉积创造了条件，我在这里挖了几桶泥，里面全是城市垃圾沉在水底的证据：自行车锁、钥匙、螺母、螺栓、器皿、扳手、几颗子弹以及塑料——很多的塑料。

沉积物中有 474 g/m^3 的汽车尾灯、光盘、数字影碟、自行车反光镜、打火机和聚碳酸酯颗粒，差不多 1 yd^3 [①] 沉积物中有 1 lb 这些塑料垃圾。以此类推，仅洛杉矶县的河流中可能就埋藏着至少 45 ton 塑料。如今生产的大部分塑料是聚合物，会沉入海水中，例如 PET 汽水瓶、乙烯基玩具、PVC 管道、聚苯乙烯沙拉盒、所有聚碳酸酯和热固性塑料（玻璃纤维、树脂、环氧树脂等）。如此看来，世界各地的河湖沉积物最表层也是全球最大的垃圾填埋场。

我把在蓬特山捡到的人偶放在了某个盒子里。我一直有囤积东西的癖好。20 世纪 80 年代初，在路易斯安那州，我和街区一帮身形瘦长的青少年会钻进当地商店后面的大垃圾桶里淘东西，然后用购物车把我们的宝贝运回家。有一次，当我正在耐心等待的时候，商店经理打碎了 50 台德州仪器牌（Texas Instruments）计算器的显示屏。（这个型号停用的时候，这家商店被要求销毁剩余设备，而不是捐出去。）我把计算器从垃圾桶里拿了出来，把它们带到科学课上进行技术剖析。

有一次，我们把这家商店扔掉的 30 箱玩具车跑道拖回了家，沿着街区把它们连接了起来，足足有一个足球场那么长。坏掉的自行车、剪草机和电动

① 1 yd=0.914 4 m。——译者

工具也都被我带回了家。

1982 年 7 月 9 日，我家附近乌烟瘴气：泛美航空（Pan Am）759 航班从新奥尔良路易斯阿姆斯特朗国际机场（Louis Armstrong New Orleans International Airport）起飞后，在梅泰里（Metairie）我家街区附近盘旋了几圈，然后在离我家 8 个街区远的地方坠毁，机上 145 人全部罹难。我们跑去现场看了一下。我捡了一块卡在一棵柏树上的丙烯酸窗户碎片。我一直把它放在某个地方。我总是在想，在生命的最后时刻透过这扇窗户往外看的会是谁。

1991 年海湾战争期间，我去了沙特阿拉伯，当时只带了 1 个包。7 个月后，当我离开科威特城的时候，我的 3 个帆布袋里装满了纪念品。我还偷偷带了 1 套伊拉克军装和帽子、1 颗骆驼牙、2 只死去的蝎子和 1 只骆驼蜘蛛回家。奇怪的是，我带回家的伊拉克防毒面具分解成了一团黏糊杂乱的橡胶。

我 12 岁买的保险箱里放着我收藏的硬币、忏悔日纪念币、邮票、外币和 70 年代的连环漫画。在十几个塑料牛奶箱里放着我在怀俄明州（Wyoming）的劣地挖到的恐龙遗骨——如今价值 1 万英镑左右。按照稀缺程度、质量好坏和历史价值等标准，所有这些收藏品都具有一定的实际价值或感知价值。每一件东西背后都有一段故事，或许这才是其实质……正是这一点吸引了我。不止我一个人这样。

截至 2007 年，十分之一的美国家庭都租赁了保管设施，自助保管行业每年创造 60 亿美元的收益。废弃物管理业务同样利润丰厚。不适合放在阁楼、壁橱和车库的东西会出现在庭院旧货市场，直到最终不可避免地被丢进垃圾桶。没有任何物种像我们这样抓着垃圾不放，而如今，得益于化学技术的进步，垃圾的寿命比我们还长。在塑料出现之前，几乎所有的垃圾都是可生物降解的，或者可以氧化和锈烂，或者是玻璃和陶瓷这样的惰性材料。半个世纪前，考古遗址的材料文化元素是金属、木材和玻璃。今天，塑料成了材料景观的主要特点。

工业革命后，化学领域涌现了一大批创新者。1824 年，查尔斯 · 古德伊尔（Charles Goodyear）——一名曾因债务问题身陷囹圄的美国发明家，发现天然橡胶和硫黄粉混合后可以使橡胶转化为遇热不黏、遇冷不硬的高弹性材料。古德伊尔发明了橡胶硫化技术，并且建造了"橡胶宫"，里面收藏了一系列充气橡胶家具。他在1851年的世界博览会（Great Exhibition）上展示了这些家具。

英国科学家亚历山大·帕克斯（Alexander Parkes）发现了一种冷却后可塑型的液化硝酸纤维素，这是世界上最早的塑料，被命名为"帕可辛"（Parkesine）。帕克斯在1862年的伦敦世界博览会上展示了他的成果，包括帕可辛纽扣、梳子、刀柄、钢笔座和铅笔座。帕克斯发现，帕可辛可以做到硫化橡胶所做不到的，因为硫化橡胶依赖天然橡胶，而帕可辛完全是合成材料，这让工业革命摆脱了对自然的依赖。

对自然的依赖也限制了产量。例如对制作台球所用的象牙的需求。19世纪60年代，象牙供应大幅减少，甚至有人宣布，谁能发明一种非象牙材料的台球，谁就能得到1万美元的奖金。这也驱使约翰·W. 海厄特（John W. Hyatt）发明了火棉胶（collodion，帕可辛的一种），并且把它融合到了一系列专利中，最终制造出外涂火棉胶的台球，击球后会产生爆炸效果。海厄特在他的化学实验室里工作的时候，偶然发现了一种配方，加入樟脑后，硝酸纤维素能够变成一种更稳定的材料——赛璐珞（celluloid）。海厄特于1870年申请了专利，虽然有可能自燃，但这种材料仍被用于制造刀柄、梳子、照相底片和玩具。这种高度易燃的材料至今仍被用于制造乒乓球。

1907年，新生代化学家在前辈成果的基础上更进一步。利奥·贝克兰（Leo Baekeland）在实验中利用甲醛和苯酚发明了酚醛塑料（Bakelite）。作为制造电气元件的理想材料，酚醛塑料具有耐热性、抗化学腐蚀性、不易变形等特点，可以用于制作绝缘电线、电源插座等易生锈部件。20世纪50年代的老电影里面出现的黑色电话以及装饰艺术时代开始时用模具制造打磨的透明珠宝都是用这种材料制成的。

很快，两家巨头出现了：杜邦和陶氏。杜邦化学公司成立于美国独立战争结束后20年，当时该公司主要生产火药，后来成为合成材料革命的先锋，生产的材料包括特氟龙（Teflon）、氯丁橡胶（neoprene）、凯芙拉（Kevlar）、聚酯薄膜（Mylar）、莱卡（Lycra）和尼龙（nylon）。[6] 1939 年，尼龙长袜在美国问世，成为第二次世界大战士兵所仰慕的海报女郎的必备元素。两年后，杜邦停止生产尼龙，转而制造降落伞。第二次世界大战后，长袜短缺引发了全国性的“尼龙动乱”（nylon riots）。但是，只要出现一个裂口，长袜就成了废品，消费者就得重新买。正因如此，它们也成了首个用完即弃的本地合成产品。

从改变食品保存方式到保护士兵生命（穿着凯芙拉防弹背心），杜邦的创新提高了美国人民的生活质量，但是也使我们受到产品毒性的影响。杜邦发明的氟利昂（Freon）是破坏南极臭氧层的元凶。由于 20 世纪 70 年代一系列抵制氟氯烃（CFC）的运动和公众压力，杜邦于 1995 年彻底淘汰了此类产品。大约 10 年后，臭氧层空洞面积开始缩小。为解决这个环境问题，人们花了很大精力提升公众意识，落实环境政策的改变。由于需要保持利润并对股东负责，杜邦不可能自己主动去做这件事。

另一家美国巨头——陶氏化学是聚乙烯和聚丙烯的主要生产企业，这两种聚合物是制作一次性塑料用品和包装的主要原料，占海洋中漂浮的塑料的近 80%。[7] 成立于 1897 年的陶氏也是美国漂白剂的主要生产商。第一次世界大战期间，由于拿到了金属和燃烧材料（用于制造信号弹和炸药）的生产合同，公司迅速发展壮大。1937 年，陶氏发明了聚苯乙烯，商标名称为 Styrofoam（陶氏经常批评记者不经许可就使用这个商标名称），而且就在同一年，陶氏联合杜邦共同创立了塑料工业协会，希望共同推动塑料成为金属和天然织物的替代材料，以缓解来自生物基聚合物与燃料的竞争压力，争取拿到第二次世界大战的大额合同。

2016 年，陶氏化学和杜邦合并为陶氏杜邦公司，一家市值 1 200 亿美元的新化工巨头诞生，此举降低了这两家公司的税负。通过合并，新公司也能够将利润较低的产品线脱手给其他公司，例如莎纶保鲜膜和特氟龙，并且主导生物塑料（bioplastic）等新兴市场。

生物塑料的存在有一段时间了。早在 20 世纪 40 年代初，亨利 · 福特

（Henry Ford）就在“大豆汽车”（Soybean Car）上配备了豆基酚醛树脂（soy-based phenolic resin）材质的挡泥板和车门板，展现了生物塑料的韧性。但是，由于当时正处于战争年代，石油基塑料更加便宜且更易获得，所以生物塑料在竞争中落败，这也让全世界跌入了高度依赖化石燃料的深渊，我们至今仍在尝试着从中爬出来。

由于近期石油价格的波动，包括宝洁（Procter & Gamble）和可口可乐在内的公司都在探索植物基塑料，希望创造一种更可靠、价值更稳定的资源，进而摆脱对化石燃料的依赖。这两家公司携手联合利华（Unilever）、达能（Danone）、福特（Ford）、亨氏（Heinz）和耐克共同成立了生物塑料原料联盟（Bioplastic Feedstock Alliance）。在世界自然基金会（World Wildlife Fund）的大力支持下，该联盟希望用可再生植物碳取代化石燃料。怀揣着对“生物经济”（bioeconomy）的愿景，这些公司认为生物塑料能够“降低工业制品和消费品原材料的碳强度，包括包装、纺织、汽车、运动器材等”。[8] 2015年9月，巴西的布拉斯科公司（Braskem）开始生产植物基聚乙烯，这种聚合物与基于化石燃料的聚乙烯（塑料袋的原材料）有着同样的化学结构，不同的是它完全以甘蔗纤维为原料。但是，它们仍然是塑料，仍然会造成塑料污染问题——只不过它们的原料不是化石燃料，仅此而已。植物基塑料与可生物降解塑料完全不是一回事。

聚乳酸（polylactic acid，PLA）是一种可生物降解聚合物，你在广告中看到的玉米或马铃薯材质的杯子或用具就是以它为原料。另外，由细菌合成的聚羟基烃酸酯（polyhydroxyalkanoate，PHA）也是可生物降解材料。两者生物降解的条件不同：PLA需要专门的工业堆肥设备提供高温和微生物富集的环境进行降解，而PHA可以在海洋环境中降解。

在广告宣传中，“生物塑料”、“植物基”和“生物基”等术语往往被用于混淆视听，进而实现“漂绿”。在这些广告里，只有“可生物降解”标签是遵照严格的指南贴上去的。“生物塑料”是一个没有严格定义的宽泛术语，指代所有以生物材料为原料的塑料，包括真正可生物降解的材料和不可生物降解的植物基聚合物。这也让广告商有隙可乘，借此操纵公众认知。

可口可乐推出 PET 植物基瓶子（标签上印有绿叶和箭头圆圈）的时候，正值 2009 年哥本哈根气候变化大会［2009 Copenhagen Climate Change Conference（COP 15）］召开前一周，包括丹麦消费者监察员（Danish Consumer Ombudsman）在内的众多非政府组织和政府机构以该公司“漂绿”为由将其告上了法庭，促使其修改标签。尽管它是“植物基”材质，而且标签上有绿色的叶子，但实际上它和海洋上漂浮的 PET 瓶子没有任何区别。

回顾上个世纪，我们可以看到大萧条时期杜绝浪费的环保意识被广告宣传所鼓吹的消费主义和有计划的废弃所取代，抛弃型生活反映了提倡方便、休闲和无菌的文化理念。但是，贯穿 20 世纪六七十年代的环境运动注意到了散落在农田和公路上的垃圾所带来的灾难性后果。

1971 年，艾恩・艾斯・科迪（Iron Eyes Cody）以“哭泣的印第安人”（他其实是意大利裔美国人）的形象出现在一则全国性公益电视广告里——他站在美国新建的州际公路旁，看到丢在路边的塑料垃圾时流下了眼泪。“人们造成污染，人们也可以杜绝污染”，这句口号出现在了这则公益广告的印刷版本里；还有一些广告呼吁“别做垃圾虫”“时刻谨记，爱护环境”，成功地将塑料污染的责任推给了消费者。这些广告的创作者是“让美国保持美丽”（Keep America Beautiful）这家组织，它的资助方包括安海斯 - 布希（Anheuser-Busch）、百事可乐、可口可乐和菲利普・莫里斯（Philip Morris）。这种策略把关注点从生产者责任和产品设计上引开，而我们对此竟全然接受。

1973 年，PET 汽水瓶首次出现在商店货架上，这种经久耐用、用完即弃的塑料瓶取代了沉重易碎的玻璃瓶。我记得小时候会在路易斯安那州南部的公路两旁寻觅玻璃瓶，找到后拿到当地德士古（Texaco）加油站，1 个瓶子可以兑换 5 美分，这些瓶子会被存放在加油站后面的网格铁笼里，我的小手刚好可以穿过网格，把刚刚换走的瓶子再偷出来。于是，我就拿同一个瓶子兑换好几次，直到被经理当场捉住。某个月，一辆挖掘机在当地疏浚排水渠的时候挖出了几百个玻璃瓶。我像中了大奖似的。

早期的瓶子兑换项目对可口可乐、百事可乐等公司来说成本高昂，因为当地的装瓶公司得收集、存放、运输、清洗、填装旧玻璃瓶，再把它们重新分销给零售商。一次性、用完即弃的塑料改变了这一切。因为能够集中生产，装瓶工厂可以关门了。由于行业努力游说、逃避责任，塑料瓶的处理变成了由纳税人买单的城市废弃物管理问题。饮料装瓶公司把所有的负外部性转嫁给了公众。

1971 年，俄勒冈州通过了全美国第一部瓶子法案，建立了一套押金系统，允许消费者将空瓶兑换成现金。1976 年，密歇根州（Michigan）、科罗拉多州（Colorado）和缅因州（Maine）也提出了各自的瓶子法案。密歇根联合保护俱乐部（Michigan United Conservation Clubs）收集了 40 万民众的签名，请愿进行投票表决，最终该法案以压倒性优势通过。同时，缅因州也最终成功出台了法案，但是科罗拉多州却失败了，之后也没有进行第二次尝试。今天，只有 10 个州出台了瓶子法案。在缅因州，瓶子的回收率达到 94.2%。[9] 然而，在大部分情况下，公众利益仍然遭到透支，行业说客给立法机构施加了巨大压力。1980 年，美国软饮料协会［National Soft Drink Association，现更名为美国饮料协会（American Beverage Association）］的主席德怀特·里德（Dwight Reed）承认了逃避生产者责任的策略：

> 社会在明白无误地告诉我们，我们与公众共同承担回收和处理包装的责任。这个行业已经花了数亿美元来试图质疑、扭曲或逃避这个观点。[10]

截至 1992 年，美国的塑料产量超过了钢铁产量。生产塑料和塑料制品的行业成功地转移了对于他们对其生产的材料的最终阶段承担责任的指责，留给公众再生利用是我们的救世主的假象。

第 5 章　丢弃之旅

别再叹息了，女子，别再叹息，
男人都是骗子；
一脚在海里，一脚在岸边，
从来不曾一心一意。
那么请别如此叹息，就让他们离去吧；
你重新焕发快乐与美丽，
将自己的所有悲泣，
化作轻歌一曲。

——威廉·莎士比亚（William Shakespeare）
《无事生非》（*Much Ado About Nothing*），1612 年

第 1 天：2008 年 6 月 1 日，距出发地 0 mile

加利福尼亚州，长滩，彩虹港，启程之日
（纬度 33°45′，经度 118°11′）

长滩港的太平洋水族馆旁，人头攒动。接连不断的采访，家人朋友的道别、祝福与鲜花，几乎将我们淹没。在无数“长枪短炮”的镜头拍摄下，我们解开了“垃圾”号的锚绳。由于早上大家都被各种接待和媒体活动搞得手忙脚乱，仍有些准备工作尚未完成。此刻，我正焊接着太阳能电池板的支架，乔尔正忙着完成船载电子器件的安装以及风力发电机的接线，而安娜正招呼着志愿者在船帆上喷涂着“J-U-N-K”的字样。其他人正争分夺秒地为筏体各连接处的绳索打结。我们决心准时出发。因为稍有延误，我们的行程都可能

因为飓风季节的到来变得困难重重。

“查利，一切准备已就绪。”我说。

在船长查尔斯·穆尔的指挥下，海洋研究船“阿尔基塔”号准备好将“垃圾”号拖至 60 mile 外的水域。在经历了数月的忙乱之后，一艘能够穿越大洋的筏终于建造完成。查尔斯船长对拖绳进行了检查。乔尔站在船头，嘴角露出了柴郡猫般狡黠的笑容。站在乔尔身边的是他的女朋友、负责筏建造的志愿者妮科尔（Nicole）。我双手环抱着安娜，我们看着密密麻麻挥动的双手，听着欢呼声。

“一帆风顺！”“一路平安！”“一群疯子！”此时，筏已驶入港口深水区。城市在风暴中蓄积的雨水在这里排入大海，但又因为种种原因流动缓慢。我探下身去，将一个塑料袋从两个浮筒之间一把拽出，然后，高举着塑料袋对岸边大声说：“就因为它，我们才出发的！”

但很快，我又小声问自己：“我这是在干什么？”

在“阿尔基塔”号的牵引下，“垃圾”号嘎吱地摇曳着，穿过澎湃的波涛，一路驶向前方的风暴。每过一层海浪，筏下方的 6 个浮筒和成千上万个塑料瓶都会沿着水流的走向上下起伏。自从 3 周之前开始，我们就期待着这一天。当时，我们还牵引着“垃圾”号穿越了洛杉矶港，作为本次航行的预演。区别在于，预演那天风和日丽；而如今真实的天气让我们意识到，有些因素可能会导致航行以失败告终。

船上的物品包括 300 lb 食物、3 个太阳能电池板、400 lb 电池、新购的电子设备与可以保持其完整的金属框架、1 个装满的冰柜、两大捆绳索和我昨天才从自己的福特面包车上拆下的 2 个座椅。载重大大超出预期。筏的甲板由捆扎在方形支架内的 20 多个帆船桅杆组成，吃水比我原来预计的足足多了 1 ft，粗糙的末端从船的边缘张牙舞爪地伸出来。本该在底部的浮筒也滑到了筏的侧面，将筏围在中间；那样子看起来，就好像筏是游乐场里的碰碰车，而浮筒则是车身外周黑色的橡胶轮胎。

我满脑子都在不停地想着筏的构造：筏会不会被载重压垮？浮筒会不会开裂？绳索会不会因为来自甲板的扭矩而断开？支索的张力会不会导致桅杆

变形？我真的都不知道。每来一波海浪，“A”形桅杆垂直方向的绳索都会在松弛之后猛地回弹，然后拉紧。“这估计行不通。”我自忖道。

按照现在 4 kn 的拖船时速，得明天才能到达 60 mile 外的海域。此时，已是暮色低垂，海风中带着丝丝寒意，安娜和我偎依在海洋研究船“阿尔基塔”号拖曳的筏上，互诉衷肠。我们的身后是斗转的苍穹和无际的汪洋。这一夜，注定过得很慢；这一夜，注定难以入眠。我辗转反侧，一方面因为各种不确定因素而焦虑，另一方面因为知道自己已无退路——这次行动，承载着公众的希望，是自己强加给自己的一个陷阱。破晓后，乔尔和我对前一晚的情况进行了评估。此时的风速是 30 kn。

“看！甲板上有好几个瓶子被风吹着跑！”乔尔大喊道。

海浪冲刷着我的双脚。我们把松动的塑料瓶重新塞进了机身。前方侧翼的浮筒已经干瘪。可能是因为之前浮筒被从筏下方挤出后，又在甲板上来回翻滚，被四周刺出的桅杆边缘撕裂。包裹浮筒的破旧渔网是圣克鲁斯（Santa Cruz）的一位渔民送给我们的，在经历了风吹日晒后，渔网也变得格外脆弱。这着实让我们有些始料未及。

“查利，浮筒出现故障。”乔尔对着甚高频无线电解释道，“麻烦停下船，稍等我们几分钟。”我穿上潜水服，纵身跃入水中，用手把松动的塑料瓶塞回我看到的第一个破洞中。不一会儿，我的手指开始发麻。所幸，每个浮筒外都由废渔网三层包裹，所以绝大部分塑料瓶依然完好。但面对翻滚的海浪，要将那只干瘪的浮筒复位并非我们力所能及。那感觉就像在和一只不断扭动的巨型蠕虫搏斗。我用绳索勒住浮筒的前部，将其死死绑在甲板上。我努力压抑着心中挫败的情绪，对安娜说：“但愿这样能行。”

如果我们的行动最终在北太平洋流涡中宣告失败，我们肯定会被列入继托尔·海尔达尔“康提基”号之后的筏艇探险记录中，却是作为至死也在不断尝试的愚人。但如果我们成功了，则会引发大众对本次行动初衷和意义的探讨。所以虽然存在风险，但还是值得一试的。一旦成功，就意味着我们在这场应对塑料污染的对话中掌握了主动权，在调整科学、政策、公众宣传中的措辞这个问题上有了话语权。我们需要精彩的报道来赢得公众的支持，而本次航行恰恰使很多人开始意识到环境问题成为一个很好的切入点。但是努力争取公众的又何止我们一家。

美国化学理事会曾在加利福尼亚州举行了一个名为“塑料制品：不容浪费的财富”（Plastics：Too Valuable To Waste）的系列宣传活动。活动历时长、投入大，一开始即承诺将为加利福尼亚州的公众教育捐赠 250 万美元，并在加利福尼亚州的科学标准中，将“减少使用”一类的表述全部替换为“循环利用”。之后，美国化学理事会作为主办方，于 2007 年 11 月又召开了主题为“应对海洋碎片”（Tackling Marine Debris）的会议。事实上，早在 2005 年 9 月，阿尔加利特海洋研究与教育中心就曾以“塑料碎片，由江入海”（Plastic Debris，Rivers to Sea）为题召开会议，积极倡导通过政策措施，禁止工厂对原生塑料颗粒的排放，清理加利福尼亚州海滩。该中心在塑料问题上所采取的坚定政策立场对美国化学理事会构成了威胁。虽然说此前产业界也在通过“塑料清理行动”（Operation Clean Sweep）等措施，试图阻止对河流与海洋的塑料颗粒排放，但环保人士和其他社会团体的大力倡导还是赢得了公众的支持，最终促成了《加利福尼亚州议会法案第 258 号》[*California Assembly Bill 258*，又名“颗粒法案”（“nurdle bill”）] 的出台，为全行业强制实施防止塑料颗粒排放的工业标准提供了法律支撑。自此，美国化学理事会便一直在积极寻求通过参与界定监管内容等方式，帮助塑料行业规避监管。

2007 年，我参加了美国化学理事会的那次会议。当我作为嘉宾坐在那儿参与讨论的时候，不禁问自己：“我在这做什么啊？”毕竟，我博士读的是教育学，而与我同台的，一边是来自华盛顿大学大气与海洋联合研究所（Joint Institute for the Study of Atmosphere and Ocean at the University of Washington）的米丽娅姆·多伊尔（Miriam Doyle），另一边是施佛利咨询公司（Sheavly Consultants）的西巴·施佛利（Seba Sheavly）。二位都曾在海洋科学方面发表过多篇著作。但因为二位都曾接受美国化学理事会的科研资助，因此，在发言中都极力援引各方证据，试图造成“查利·穆尔的研究夸大事实，实际情况无需担忧”的印象。

我当即反驳道："如果二位没有亲眼见到，不好这样妄下结论吧。"毕竟，除了查利·穆尔之外，并无他人对夏威夷和加利福尼亚州之间水域的塑料累积问题进行过研究。他们怎么可以这样就否定了人家的结论？当时对北太平洋流涡已开展的研究只有一项，即 1985 年罗伯特·戴关于夏威夷和日本之间水域的研究。戴的研究也显示出大量漂浮塑料垃圾的存在，但并未涉及查利研究的水域。所有洋流建模结果也都表明，废弃物会集中堆积在查利研究的这片水域。我们的发现可以说是全球性塑料污染的明证；无论以何种方式解析数据，这一问题所带来的风险都是惊人的。

观众席中坐着一位叫米丽娅姆·戈尔茨坦的女孩子，当时她正在美国斯克里普斯海洋研究所攻读研究生。怀着对环保和减少塑料污染的极大热忱，米丽娅姆曾邀请我在斯克里普斯每周举行的生态研讨会上发言。这一切距离"垃圾"号起航只有 6 周。我至今都还清楚地记得，当时台下座无虚席，出席的教师人数几乎和学生人数不相上下。

我解释道："就在 1 个月前，我们刚刚结束了穿越北太平洋流涡的又一次航行。我们以夏威夷作为起点，以旧金山（San Francisco）作为终点，全程重复了查利 1999 年的航线，并在同样的位置进行了重新采样。分析结果表明，当前的塑料污染水平较 1999 年增长了 6 倍。我们对沿途鱼类的内脏也进行了分析，初步结果显示，摄食微塑料的情况在鱼类当中普遍存在。"台下的观众耐心地聆听着，不时点头表示赞成。直到问答环节开始，聆听变成了拷问。

"您对塑料碎片的时空分布有何了解？"

"您说鱼吃了塑料。那您觉得塑料是在什么时候被摄食的，是在鱼落网前，还是落网后？"

"如果您的采样只包括了 11 个拖网捕捞点，那么您怎么能够确保样品数量具有代表性？"

面对他们的拷问，我的答复显得格外苍白："我确认之后会给您答复。"但这在无形中，恰恰证实了他们对我学术资质的种种猜想。

也是在那里，我第一次遇到了切尔茜·罗克曼。多年后，我问起那天在斯克里普斯的经历，她回答说："我觉得，当时大家都认为科研不是你那么做的。但其实你真的不用介意，当时大家不过是觉得，你明明不是做海洋科研的，何必非要表现得自己是个专家。"这话没错。那次考察中，我们只是对海洋表面和鱼类内脏中的塑料漂浮碎片进行了数量上的统计；这是相对简单、描述性的科学——在显微镜下边看边数"1、2、3"。真正复杂的部分是之后关于生态毒理学和人体健康的分析。有趣的是，在我的论文发表之后，所有对我学术资质的质疑也渐渐消退。但在那个年代，非专业人士要迈过学术殿堂的门槛，就好像要穿过玻璃天花板一样，看似近在咫尺，实则困难重重。在某种程度上，对身处科研"体制外"但想发表论文的人来说，这个困难将长期存在。正如查利·穆尔曾和我说过："这里是个博士俱乐部。如果没有博士学位，人家都不让你做科研。你虽然有博士学位，但学科又不对。"

切尔茜开始关注塑料污染问题，是因为在澳大利亚长达半年的学习期间，她在海滩和珊瑚礁上看到了大量垃圾。"起初，我的关注点是在政策方面，但之后我意识到，这方面的科研做得很少。于是我转而开始从事科研。有了做科研的背景，日后我在阐释自己政策立场的时候，也会更能让人信服。"她解释道。

"所以，科研只是为了达到目的的一种手段？"我不禁问。

"没错。但科研本身也是一种目的。你也知道，做科研，总是刚解决 1 个问题，就又冒出 10 个问题。"她说。

切尔茜曾在《自然》（*Nature*）杂志上指出，各国若将对环境和健康影响最大的塑料归类为有害危险品，将有助于环境部门出台相应措施，对生态栖息地进行修复，并将有效预防更多危险碎片的累积。但美国化学理事会立刻在 2013 年 2 月 15 日撰文回应道："《自然》杂志评论中的建议不仅缺乏依据，而且无助于问题的解决。"这一回应是美国化学理事会对切尔茜及其同事进行的彻底否定，也是在一次性塑料环境污染问题上为自己推卸责任。美国化学理事会还辩解道，虽然塑料的确会吸附污染物，但我们不知道这些有毒物质是否具有生物活性（bioavailable）。文章最终指出："美国塑料企业也同意，在未来有必要进一步开展研究。"但这不过是一句标准的官话，言下之意就是能拖则拖，不想采取任何行动。

“你的科研事业才刚刚起步，在高校里还没获得终身教授的身份，采取这样的政策立场，不担心影响以后的发展吗？”我问。

“担心肯定是有的。按理说，新人就不该有自己的观点。他们不总说，科研人员就该纯粹，就该埋头做学术，别成天在外面搞社会活动。”她解释说，“但现在不一样了。大家都越来越重视应用型的科学，都想借助科学的力量，推动变革。如果要带来变革，我们就要有自己的政策主张，该站出来的时候就得站出来。而且现在对有现实意义的科研，大家也越来越认可。”罗格斯大学（Rutgers University）政治学家戴维·古斯顿（David Guston）认为：“过去，做科研和给政策谏言被人为割裂开来；而现在，科学和政治的界限正变得越来越模糊，这其实有助于政策制定。”[1] 尽管如此，从建制的角度来说，对倡议活动依然存在偏见；当前建制下充当“守门人”角色的各机构依然坚决捍卫着学术界固有的社会结构。无论是欲意出席听证会的科学家，还是试图和科研人员沟通的社会活动家，都面临着同样的阻力。

虽然对公众而言，是查利·穆尔的最初论文唤起了他们对塑料污染问题的关注，但事实上，作为海洋科学的新兴领域，塑料污染问题已经在世界各地被纳入新的海洋碎片项目，包括东京大学高田秀重率先发起的毒理学研究以及英国普利茅斯大学（Plymouth University）理查德·汤普森课题组开展的一系列聚焦微塑料的研究等。此后不久，查利的项目在夏威夷大学希洛分校（University of Hawaii at Hilo）开题，由汉克·卡森带领学生定期前往卡米洛（Kamilo）的“垃圾海滩”进行考察。很快，斯克里普斯海洋研究所也加入战局；伍兹霍尔海洋研究所的海洋教育协会也开始聚焦此前归档的大量浮游生物样品。

塑料行业没有改变。这使得行动主义组织、宣传机构和媒体开始关注“难以考证”的（以几次大洋当中的探险来报道事实）环境灾难，并将科学从行业的掌握下抽取出来。随着公众兴趣驱使企业和政策做出反应，突然间出现大量的公共资金和私营资金来验证这些未经证实的指责。科研需要的不只是高尚的情操，更是高额的投入。正如切尔茜·罗克曼所说的：“钱没了，科学也就做不下去了。”这个道理，对美国化学理事会来说，再明白不过了。

第2天：2008年6月2日
圣尼古拉斯岛

在落日的余晖下，圣尼古拉斯岛长长的倩影在地平线上已依稀可见。日落前那几小时，我一直在思考如何调整筏的设计。事实上，此后每一天，我都在想这个问题，直至考察结束。海上风很大，层层海浪不断涌上甲板。筏起伏着、摇摆着、晃动着，下一刻会发生什么，谁也不知道；但似乎到目前为止，筏依然完好。至于筏的设计能否撑过6个星期，我说不好。每个新声音或动静都是这项工程成功或失败的预兆。

在岛屿的遮挡下，我们躲过了大浪，却避不开大风。即便两个锚都已抛出，我们还是沿着东南角漂流了一段。待锚落定后，“垃圾”号才相对停稳。但也只能说是暂时停稳。我们决定在此过夜，天亮后再开展维修工作。趁着查利把缆绳递给我们的空当，乔尔解开了筏上的拖绳。就这样，我们暂时离开“垃圾”号，登上了海洋研究船“阿尔基塔”号的甲板，尽情享受着临别前短暂却温暖的晚餐。厨房里，暖洋洋的；烧鸡和番茄汤，烫滚滚的；我握着安娜的手，热烘烘的。窗外的“垃圾”号显得如此渺小；只有那桅杆上红红绿绿、歪歪斜斜的舷灯在暮色中若隐若现。

大家一同举杯，用酒水道出对成功的祝福；用酒水压下心中对失败的恐惧。夜，黑黢黢的夜，似乎召唤着乔尔和我。该走了。此前整整3个月，我们加班加点、不眠不休，就是为了这一刻。待所有人都回到甲板上，乔尔最后一次和妮科尔及船员握手拥抱。之后，他和杰夫一起跳上小船，动身返回“垃圾”号。

黑暗中，安娜和我拉着桅杆上的吊索，深情相拥。只见她伸手从外衣口袋里掏出一个信封，放在我手中，然后握着我的手轻轻合起。

“你出去42天，这里装着42张字条。等你出去后，每天打开一张。看的时候，就想象这些话是我在说给你听。”听她说完，我不禁紧紧地搂住了她。

我认识安娜其实只有一年的时间。当时，我正处于人生的低谷。在遇到安娜之前的那个月，我刚刚决定要认真对待自己的未来。对我来说，这还是头一回。从那时开始，我意识到，其实无论对于生活，还是对于爱情，很多方面我不仅不了解，而且也不自知。通过阅读邱阳 · 创巴仁波切（Chogyam Trungpa）的《香巴拉：武士的神圣之路》（*Shambhala：The Sacred Path of the Warrior*）以及萨姜 · 米庞仁波切（Sakyong Mipham）的《心的导引：宁静安住的禅修之道》（*Turning the Mind into an Ally*）等书籍，我深受启发，仿佛找到了一条全新的道路，重新学习着思考、言谈、举止的正确方式，学习用理解、同理心代替我们带给自己与他人无尽的痛苦。这段时间的学习也让我意识到，武士的内涵不只是海军陆战队（Marine Corps）的骁勇，更是在是敌是友问题上的自我选择权。我也知道，为了他人、为了安娜，自己要成为一个怎样的人。但在完成了这么多工作之后，我却感觉自己似乎正在摒弃这些信念。

说话间，"垃圾"号已在眼前。我轻吻着安娜。我知道自己爱她，不愿离她而去。但这份爱中却透着悲凉，我感觉自己仿佛正从悬崖跌落。筏就在边上，我纵身越过护栏，却又立刻回身，将安娜紧紧抱入怀中。我们嘴里不断重复着："爱你，我爱你。"就这样，我在深渊中坠落；就这样，我抛开了一切。我跳上塑料瓶拼成的筏，在海浪肆虐的咆哮声中高喊："我会迎着太阳一路前进！再见啦！"

第 3 天：2008 年 6 月 3 日

圣尼古拉斯岛附近

"你说的没错，飞机确实移动了。"我说完，又顿了几秒。"哎，乔尔，感觉到没？"自海洋研究船"阿尔基塔"号离开后，风暴丝毫没有停歇过。

"嗯。"乔尔回应时面无表情、波澜不惊，似乎对这一切都习以为常。

乔尔是个理想的副领航员，连脚上都刺着红色和绿色的北斗星文身。他的家就安在瓦胡岛阿拉维港（Ala Wai Harbor）的帆船上。安娜和我第一次见他，是在夏威夷的大岛希洛（Hilo）。当时，查利正计划经由北太平洋流涡的中心返回加利福尼亚州，而我们在岛上帮他采购了几百磅的水果和蔬菜。就在我回忆的空当，乔尔已经脱下了鞋，沿着船上的绳索，像狐猴般灵敏地移动着。在船上的他简直是如鱼得水。在加入美国国家海洋和大气管理局（NOAA）之前，他曾花了几个月的时间，在夏威夷的山丘丛林中捕捉濒危鸣禽，防止它们因野鼠、野猫及猫鼬的捕食而灭绝。此前，乔尔从普渡大学（Purdue University）获得环境科学学位，并协助完成了科罗拉多河（Colorado River）栖息地的生态修复工作。再往前，他曾连续多年，利用夏天的时间，陪着同为教育和科研出身的父母游历伯利兹（Belize）、厄瓜多尔和洪都拉斯，研究当地的森林和珊瑚礁生态系统。而他对大自然的热爱则一直可以追溯到童年。那些年，他和妹妹能在印第安纳州（Indiana）的田野中一逛就是半天，直到月上枝头才舍得回家。

乔尔和我不断对比着笔记，猜测着筏上可能出现的下一个问题点。虽说我之后会知道乔尔对“垃圾”号进行的调整救了我们的命；但此时此刻，我却寝食难安。海浪一波接一波，这一波狠狠地拍打着船舱的底部，下一波又从顶上浇灌下来。

乔尔坐起身来，盯着圣尼古拉斯岛，审视着筏相对于南端航灯的位置。如果锚上的绳索断了，那么我们不是被海浪推向石壁一侧，就是被推进更宽阔的海面。“我们的位置和刚才不一样了。”乔尔说。但绑在锚上的绳索却又是紧绷的。可能是因为锚脱离了原来的位置，又在另一个裂缝处固定下来了。

破晓时分，海面上堆满的层层泡沫随着海浪上下起伏，并不断从我们脚下用桅杆拼成的甲板的缝隙中喷涌上来。乔尔和我一致认为，用桅杆拼成甲板是一个设计上的优势。此时，我们吃水已经比刚开始的时候多了整整 1 ft。原本安装在筏下方的 6 个浮筒，也有 2 个已经被推到了甲板的外缘上方。每来一层波浪，浮筒都会被推着朝筏外侧粗糙的边缘撞击一次。

每来一层波浪，船头都被短暂地淹没在水下。船身正向右侧倾斜。直到中午时分，天气才转好，我们也终于有了几小时喘息的机会。我跌跌撞撞地冲到筏边缘，看到不少聚碳酸酯瓶的瓶盖已经松动。虽说盖子仍然卡在螺口上，但已经摇摇晃晃。当时为了拆卸方便，盖子旋口采用的是齿轮式的设计。但当齿轮上的锯齿被包裹的网线勾住时，盖子也很容易从瓶口处被扯下。我仿佛听到肩头的天使在我耳边问："当初怎么没用胶水把盖子固定在瓶口上呀？"

虽说此刻，无论是筏的状态，还是我们原定的计划，都已岌岌可危，但我还是不敢去想失败的后果。在我的脑海中快速闪现着一个个面孔。他们曾给予我人力、物力和财力的帮助，给予我希望。而我除了自信的笑容，却无以为报。如今看来，甚至说自信都显得有些言过其实。即便这次命保住了，我的工作和声誉也彻底毁了。这些想法让人不由得心烦意乱。我仰望着风卷残云的黑色夜空，强迫自己对即将开展的工作重新进行优先排序。

雨滴再次从天空飘落。乔尔绑紧了 SSB 无线电的天线。甲板上绑在桅杆之间的木条箱本来是为了给设备和食物提供一个干燥的存放场所，但如今，所有的木条箱都淹没在水下，致使所有罐头都泡在水里，标签也全被冲走了。铝制的机舱门本来是我们刻意嵌在桅杆之间、便于我们站在甲板上时用作托架的，但如今，舱门已经滑到了机身之下。我努力将舱门重新绑好，任凭滂沱的大雨拍打着我的脸颊和双手。乔尔使劲拉动锚上的绳索，改变筏的转向，以免筏体单侧因风浪过度冲刷受到严重破坏。当所有能做的都做完之后，我们赶在下一次风暴来临前，爬进了船舱。

"你说船在下沉，是什么意思？"安娜在卫星电话的另一端问，声音中充满了恐惧。我简单和她说明了一下情况，趁着下一轮海浪打在机身上之前匆匆挂了电话。

当初，我们急着要赶在气旋季之前起航，结果没有给测试留足时间。现在我们充分意识到，无论是材料还是物资，之前的准备都严重不足。如今，塑料瓶正慢慢被海水灌满，甲板不断倾斜变形，机身时刻都有滑落的危险。失败似乎已成定局。

如果真失败了，别人会怎么看我？海水冲刷着我的脚踝，无助感与受伤的自尊让我百爪挠心，即便沉船已经迫在眉睫，我依然无法集中精力。

还好，放安娜信封的包还是干燥的。我摸出信封，里面是一张张折好的字条。最上面最大的一张字条背面写着："先看这个。"字条的内容如下：

"你不在的日子里，我每天醒来，都会回忆一个爱你的理由。今天我想到的，是你偷吃冰激凌时候的表情。有时候我到厨房，会刚好撞见你吃冰激凌。为了不让我看见，你会偷偷地在冰激凌里放个勺，然后把整个冰激凌藏到背后。看到你当时萌萌的表情，我的心都化了。"

我嘴角不由露出一丝微笑。自从我们那天分开，这还是我第一次笑。如果我们能坚持到最后，这样的小字条，我还能再看 41 张。

第 6 章　九死一生：大海里的小鱼

旋风之中，猎鹰飞转；
寻觅主人，不见所踪；
万物皆散，无心所向；
混混沌沌，乱满人间；
血色潮水，横流弥漫；
纯真礼仪，业已沉寂；
善者迷惘，无所坚持；
恶人当道，热情高涨。

——威廉·巴特勒·叶芝（William Butler Yeats）
《二度降临》（“The Second Coming”），1919 年

第 5 天：2008 年 6 月 5 日，距出发地 60 mile
圣尼古拉斯岛

我走出机身，站在海面上。“垃圾”号又经过了整整一夜风浪的洗礼。乔尔和我坐在机身顶上，利用这短暂的平静稍作调整。无论看到哪里，我都觉得是问题；但乔尔却觉得，换个角度看，这些问题都能解决。我们简直是太业余了，我不禁想。

“船太重了。”我说。

“不需要的东西都可以扔掉的。”乔尔回复说。

“你看甲板，都变形了。就这些绳索，你确定能管得住吗？”我抱怨道。

“放心，没问题。波利尼西亚人一直以来都用的是同样的技术。”他说。

在我的想象中，如果我们最后失败了，一种可能的情况是废弃的筏会被救援队的船拖回港口，我们从此夹着尾巴做人。但还有一种更糟的情况是筏最后因为破败不堪，被留在海上，成了新的漂浮垃圾。我仿佛已经看到赞助方要求退款的画面；看到自己在多年之后，依然要向陌生人解释为什么当初要坐着一堆垃圾漂洋过海的画面。当然，所有这些对话，都只不过是我的想象而已；而且在所有场景中，我最后都独自一人、闷闷不乐。最好大家都葬身鱼腹、一了百了……我自怨自艾地想。但我知道，乔尔的想法肯定不一样。这也是我喜欢他的地方：在我自怜自哀的时候，乔尔已经在外面干得热火朝天了。

有时候觉得是自找麻烦，我对自己说："别怨天尤人了！还不如实干点！"与其抱怨"怎么了"，不如思考"怎么办"。随着思路的转变，我的情绪也渐渐开始稳定。我爬到机身上方，和乔尔一起商量备选方案。这个问题，乔尔可是一直想了很久了。

"我们得把筏托起来。"乔尔说。

"如果用绳子绑住浮筒，没准能把它们拖回原位。"我说。

外侧的浮筒不断翻滚着，已经从筏的底部剥离开来，导致船头有一半淹没在水下。而巴塔哥尼亚（Patagonia）赠送的 2 000 多个耐洁（Nalgene）[①] 瓶的瓶盖也已被打开。说起这些塑料瓶，不得不提起当年的双酚 A（bisphenol A）事件。曾有一度，双酚 A 因为扰乱内分泌系统被媒体广泛报道。考虑到双酚 A 是聚碳酸酯水瓶的主要成分之一，巴塔哥尼亚决定率先弃用聚碳酸酯水瓶。于是，这些水瓶就成了"垃圾"号的原料。但如今，超过半数的水瓶中已充满海水。加上聚碳酸酯的密度本身就比水大，装满水后，这些水瓶就像秤砣一样，拽着船头向单侧倾斜。

SSB 天线已被压弯，倒向太阳能电池板。机身比原先固定的位置后错了

① 耐洁（Nalgene）是美国著名的户外用太空杯品牌。它以 Nalgene-Nunc International（美国最大的实验室及医疗用容器生产商）为依托，凭借他们在生产科学用容器方面的经验，以同样严格的标准制作出一系列的野外和探险用的容器。——译者

1 ft，但拖绳仍然将其紧紧固定在甲板上。原本插在机身下方的机翼和两扇铝制的舱门也已经发生了位移，在甲板上好像跷跷板一般上下摇摆。原本用于固定“A”形桅杆的、直径 0.375 in 的镀锌钢缆也已经松弛，伴随着船身的颠簸，剧烈地摇摆着。最糟糕的是，我们已失去浮力。甲板上的积水已经淹没脚踝，机身严重倾斜，情况岌岌可危。必须赶紧想办法抬高船身。

船舱外，乌云密布，电闪雷鸣；船舱内，我们蜷缩着身子，想着必须完成的几件事：首先，必须抬高船身，否则坚持不到明天。一旦船体彻底失去浮力，只要拍打机身的海浪稍大，船必沉无疑。于是，我们借着下一轮风暴来临的间隙，火速冲到舱外，把浮筒中装满海水的瓶子倾倒一空，再塞回原处。反反复复，直到冰冷的雨水冻麻了双手。在黑暗的驱使下，我们被迫返回舱内。风暴依旧，丝毫没有停歇的迹象。但筏发出的声音却和之前有所不同，因为之前筏漂在水上，而现在筏浸在水中。每听到一种新的声响，我们的绝望就更深一层。听到的哐当声是装食物的桶漂浮在水面时相互撞击的声音。

在无眠中，我开始胡思乱想。我想象着彻底的失败，不仅想象着我们死亡的悲惨结果，还有事情的材料科学链：筏如何肢解、沉没、腐败、锈蚀、最终长眠海底。

毕竟，这场灾难已经开始了。问题得不到解决，就只有死路一条。几百千克的飞机，外加电池、食物和两名船员，全靠两条纤细的吊绳支撑着。一旦飞机滑入海中，不管哪一侧先落水，一定都是尾部朝下，拖着睡袋中的乔尔和我，连同湿漉漉的毛毯和毡垫，迅速下沉。不等我们爬出来，仪表板下的电池和各种电子装备就会砸在我们头上。由于飞机的舱门只有 1 个门闩扣着，在巨大的水压下，门闩会被崩开，大量海水会喷涌而入，薄薄的聚碳酸酯窗户也会爆开。就这样，我们会像长矛般直冲海底，一命呜呼。

“你在下沉？什么意思？”安娜昨天就要我给出答复。当时，我被困在下沉的筏上，浑身湿漉漉的；而她正和妈妈玛丽安（Maryann）一起坐在圣莫尼卡的一家咖啡厅里。当玛丽安听到我说船在下沉时，立刻对安娜说：“赶紧去救他啊。”无论遇到什么问题，玛丽安都是第一时间想办法解决。这一点让我非常钦佩。之后的36小时中，我们通过卫星电话反复沟通着补给需求，安娜发疯似地到处找船，希望有志愿者能和她一起，破晓就出发。

“我需要50管海洋环氧树脂。”我说。

“做什么？”她不解地问。

“把瓶盖封在瓶口上。”我解释说，补充道：“再帮我们带些食物……巧克力、啤酒。还有封胶带。”由于我们大部分需要干燥保存的物品都被打湿了，我们还提出要几袋大米、花生酱及燕麦片。

凌晨两点，6名志愿者整装待发。他们是：从拉斯韦加斯专程赶来的、来自海洋脱毒（Ocean Detox）的乔希（Josh）和布赖恩（Bryan），曾参加查利最近一次流涡考察的、人称“航海猴”的杰夫·厄恩斯特，妮科尔·查特森（Nicole Chatterson），阿尔加利特海洋研究与教育中心董事会的杜安·劳尔森（Duane Laursen），“阳光潜水”号汽艇的船主凯娅·赫勒（Kyaa Heller）和船长雷·阿恩茨（Ray Arntz）。之前，安娜花了好几个小时，联系了几十家帆船、浮潜、包船公司，直到给南加利福尼亚大学里格利研究所（USC's Wrigley Institute）的安·克洛斯（Ann Close）打电话时，才联系上了“阳光潜水”号。雷和凯娅一听有人坐着筏漂洋过海，顿时觉得很逗，欣然同意了安娜的请求。

就这样，安娜成功组队。这也证明，就算船员是一群杂牌军，只要决心够大，也能舍身相助，并化险为夷。正所谓“历经磨难、终成正果”吧。

凌晨3点30分，所有人在长滩码头集合。“垃圾”号沉船救援行动正式启动。

第7天：2008年6月7日

“垃圾”号沉船救援行动，圣尼古拉斯岛

清晨6点30分，薄雾中，“阳光潜水”号船头的舷灯闪烁着红绿相间的光芒。“垃圾”号沉船救援行动的任务很简单。由于6个浮筒中已经有2个从筏底部脱落，7名志愿者需要利用日落前的14个小时，把这2个大浮筒拆分成多个行李包大小的小浮筒。

我一眼就看见了安娜。两条船刚靠在一起，绳索都还没绑紧，安娜便纵身跳上“垃圾”号，拥入我的怀中。身后，妮科尔和乔尔也紧紧抱在一起。虽说是团聚，但气氛并不轻松。因为我们都意识到，对于考察途中可能出现的各种不确定因素及其危险性，我们之前的思想准备严重不足。

“你要的基本上都带来了。”安娜说。可以看出她和我一样紧张。与其说这是一次救援，不如说是一次抢修和备货，为的是给未来 6 周甚至可能更久的旅行做准备。

我们布置了任务，割开旧渔网，清空瓶子并用空气重新填满。我们使用安娜带去的膨胀型聚氨酯泡沫把它们永久性地充气。

我们一共制作了 8 个小浮筒。乔尔、杰夫和布赖恩负责将其安装在筏下方，并通过配重对其位置进行了固定。轮到我跳下去的时候，我犹豫了，看着乔尔，乔尔眼珠转了下，纵身跃入水中。所有人加班加点，偶尔见缝插针地塞两口三明治。“日落前我们必须返航。”比尔船长一边解释着，一边在落日最后一丝余晖中发动了引擎。杜安·劳尔森把剩下的食物，包括一大块萨拉米香肠，一并丢给我们，说：“拿着吧，没准就用上了。”

安娜是最后一个离开的。离开前我们最后一次深情拥吻。对于害她和我一起折腾，我深感歉意。现在所有人都已上船，只有乔尔和我留在筏上。船开动了。但我依旧紧握着安娜的手，久久不愿松开。乔尔已经返回了船舱。在 55°F 冰冷的海水中连续工作了那么久，他也确实该暖和暖和了。我一直留在甲板上，目送安娜消失在地平线的尽头。

“扬帆启航咯！”两天后，乔尔高喊着。我们给船帆和后桅杆装上套索，在船底浮力不足的区域加装了几只小浮筒，将所有新到物资储备好，然后把杜安给的萨拉米香肠在机身顶部高高挂起。一切准备就绪。我们从圣尼古拉斯岛正式启航，开始朝着圣巴巴拉一路东进。“把大三角帆升起来吧！”乔尔大声说。但圣尼古拉斯岛似乎并不愿意放我们走。怪石嶙峋的海岸线上，巨浪滔天，阻断了我们的去路，甚至彻底吞没了海狮和象海豹振聋发聩的叫声。但突然之间，一阵强劲的北风帮我们冲破层层阻碍，仿佛在说：“快走吧！”

整整几个小时，乔尔调节着帆的方向，一边核对着航图信息，一边摆弄着电子设备。我负责遵照他的指令行事。乔尔是个对工作高度专注的人，不会放过任何提高效率的机会。

通过自动识别系统（Automated Identification System，AIS）和雷达显示屏，乔尔和我轮流监视着周围大船的动向，每4小时换班。这些是船上仅有的新设备。我们漂流经过了卡塔利娜岛（Catalina Island）和科尔特斯滩（Cortes Bank），冲过暗礁掀起的层层巨浪，很快到达墨西哥下加利福尼亚（Baja California）的西部，进入了一望无际的开阔海面。

在开阔的海域上，情况反而相对简单；真正需要担心的是海陆交界的区域。我做着清洁，乔尔做着饭。在5天之前的上一轮风暴中，所有罐头上的标签都被泡烂了。所以开罐头吃到什么全凭运气。我们想吃豌豆和玉米，但连开4罐，全是黄豆。

在经历了前几天后，一切终于步入正轨，我们脸上洋溢着笑容，心情也放松下来。闲暇时聊起这几天的遭遇，很是尽兴。

“你胳膊上的文身有什么故事吗?”我指着乔尔前臂上那片玫瑰园般的文身问道。于是他和我解释了刺在脚上的北斗星和其他几处的文身，甚至和我分享了他第一次把文身展示给家人的情景。

“我妹妹不喜欢文身。”他说，“她属于学习很努力、很有运动细胞的那种女孩。”兄妹俩一起长大，在美国中西部的农田中追逐着小伙伴。乔尔比妹妹大3岁，高中毕业后去了普渡大学。在校学习期间，他被告知妹妹患上了脑瘤。1周后，妹妹接受了手术，不久就去世了。

“她的名字叫阿米蒂（Amity）。”他说。阿米蒂在英语里的意思是“友谊”。乔尔把妹妹的名字刻在了胳膊上的玫瑰园文身里。

“她的一生炽热燃烧。她陪我走过了人生最美好的17年。直到今天，我依然时刻想念着她。她去世后不久我就回到了学校，把所有的精力都放在提高成绩上。因为我知道，我必须要离开印第安纳州。我有不少朋友一辈子都搭在那里了，但我不能那样。”

看不出这个汉子还有这样不为人知的一面。

第 7 章 “垃圾进来，垃圾出去”

既得利益者要想维护自己的立场，是不需要“垃圾科学”的，因为他们可以让很多德高望重的科学家站出来为他们说话。

——小罗杰·皮尔克（Roger Pielke Jr.）

《诚实的代理人》(*The Honest Broker*)，2003 年

第 16 天：2008 年 6 月 16 日，距出发地 163 mile

美国与墨西哥边境以西

（纬度 32°32′，经度 119°04′）

“不明船只，这里是海岸护卫队。完毕。”甚高频无线电突然传来大声的语音消息。

“这里是‘垃圾’号，完毕。”我对着接收器回复道。在刚过去的 30 分钟内，一架橙灰相间的 C-I30 飞机在我们正上方的空域已盘旋 3 圈。

海岸护卫队回复道：“收到，船长。我们只是对您的船只有点好奇，因为头一回遇到这个船型。能否告知去向，以及……始发港。”

“我们几周前从长滩始发，目的地是夏威夷。我们乘坐的筏的主要构成包括 15 000 个塑料瓶、1 个塞斯纳飞机的机身，还有 1 条用 5 000 个塑料袋拧成的绳索。预计到港时间是……我们希望是未来两个月内。”

“‘垃圾’号，这里是海岸护卫队。如果成功了，真的是很了不起啊……船很棒。”

“竟然不相信我们！”我对乔尔说，但此刻的乔尔已经笑得前仰后合。

“他们肯定觉着我们是在边境流窜的毒贩子或人贩子吧。”乔尔说。

"'垃圾'号，这里是海岸护卫队的飞机。我们还有几个问题想问，不会占用太多时间。船上的供电设备就只有这几块太阳能电池板吗？有备用电池吗？有航行计划吗？航行计划是否已备案？美国海岸护卫队是否知晓此事？船上是否配备安全装备？船上配有多少件救生衣？"

乔尔接过对讲机说："船载装备包括漂浮式单人救生衣数件、四人救生筏1个、手持式造水机2台、IPRB 1部、手持式GPS 1部、手持式甚高频无线电通信装备1台。"

"告诉他们，我们在加利福尼亚州机动车管理局也有注册备案。"我对乔尔说。美国海岸护卫队问的这些问题，加利福尼亚州机动车管理局从未涉及。我不由开始担心海岸护卫队不让我们通过。诚然，他们这么问是出于对我们安全的关心，但这是否也说明他们对我们筏的设计，甚或我们的精神状态存在疑虑？在他们看来，是我们乘坐的筏是垃圾，还是我们做的科学本身就是垃圾？

有时间思考的时候，我会经常想，自己到底是怎样的一个科学家？虽然在公民参与课上，我也算是比较迂回曲折地学习了环境科学（在课上，有时也会邀请其他科学家对某一个流派的学术思想进行批评指正），但我也不禁在想，自己的环保理念是否存在偏见？如果有，那么问题严重吗？同行评议本身不正是为了消除主观偏见而存在的吗？

小罗杰·皮尔克在《诚实的代理人：科学在政策与政治中的意义》（*The Honest Broker*：*Making Sense of Science in Policy and Politics*）一书中指出，科研人员在政策制定中扮演着5种角色。这里先谈前4种。第1种叫"纯粹科学家"（Pure Scientist），他们完全从科学的角度出发，从研究对象和过程中发现个人兴趣，而不是产品的应用，其应用取决于各自不同的理解。在当今世界中，这样的人太少。现在的资助项目的背后永远承载着预期和关联性。

第2种叫"科学仲裁员"（Science Arbiter），往往是"特聘专家"，通常只在某些特定问题的调查过程中需要科学的工具时雇用他们。很多政府雇用的科研人员符合这类。

第 3 种叫“专题倡导者”（Issue Advocate）。他们旨在通过科研捍卫某一政策立场，并将选择的范围局限在一个或几个具体措施上。虽然有些人认为“倡导”一词有损科研人员的形象，但他们也应清楚，在当今世界中，纯粹的科学家是不存在的。在民主环境里，科学家有政策倡导的责任，每个人都有自己的立场。诚然，对有些科研人员来说，即便工作最后被政策采纳，他们依然不愿意参加相关活动；但事实上，这只不过是以不作为的方式进行的倡导。沉默就是默许。

第 4 种叫“诚实代理人”（Honest Broker）。他们需要以尽量客观的态度，针对某个特定问题所有可能的行动方案，向公众和政策制定者进行全面阐释。在此基础上，帮助决策者自主做出最佳选择。

2007 年初，我遇到了第 5 种科学家：“隐形倡导者”（Stealth Advocate）。当时我应邀前往萨克拉门托（Sacramento），就 AB 2058 法案向加利福尼亚州参议院环境质量委员会（California Senate's Environmental Quality Committee）提供证词。该法案呼吁向所有纸袋和塑料袋征收 25 美分的使用费。[1] 一旦通过，该法案将能够为所有计划开展垃圾减排、清运和防控项目的市级政府提供新的资金来源。同时出席听证会的还有一名来自美国化学理事会的代表。我们以背对背的方式各自提供了 3 分钟的证词。

“塑料垃圾的密度从海岸到浅海，再到深海逐级递增，并在北太平洋流涡中心达到峰值。”我解释道。

“但是，你在那里亲眼看到塑料袋了吗？”一位参议员问。

“没看见。但没看见不代表没有。在我们的样品中，您可以看到撕碎的塑料薄膜。塑料袋很快就会被撕成鱼饵大小的碎片。”说话间，我举起一个玻璃罐，里面漂浮着塑料碎片和浮游生物。

“所以说，你在海上并没有亲眼看到漂浮着的塑料袋。”他重复道。但他的这一做法，实际上已经违背了自己在这个问题上的政治立场。

“但在沿海地区考察时，我们看到了很多。”我回复道。我的 3 分钟就这么过去了。我连再多说一个词的机会都没有。之后，美国化学理事会的科学家走上了讲台。

“众所周知，塑料袋产业为加利福尼亚州人创造了大量的就业机会，再增加一个税种，无异于画蛇添足。”他一上台就说道。虽然说他在这里的身份本应是科学家，他的责任本应是向委员会提供与塑料袋相关的另一种科学立场，但他却采用了政治家的策略，直接影响了共和党参议员的判断。

他熟练地继续说道：“有些科学家会说，塑料中含有双酚A这样的化学物质，会导致各种问题。”正当我惊讶于他这突兀的论断时，他突然朝着我抬高声音说：“那请给我看看，浮游生物当中的双酚A！”他说这话的意图再明显不过了：他就是想用这种垃圾科学混淆视听。（双酚A在环境中会迅速降解，所以几乎是不可能出现在浮游生物体内的。）

美国化学理事会的科学家当然清楚这一点。但他也清楚，环境委员会上的各位参议员不可能有时间了解问题的方方面面，更不可能通读法案全文。他们还有很多委员会要参加，很多媒体活动要出席，很多投票要参与。这次委员会会议的初衷本是让科学指导政策，但却演变成了政治说服的秀场。3分钟很快结束了。还没等他坐下，各位参议员已经忙着收拾文件，在工作人员的催促下纷纷离席，前往下一场活动了。虽然AB 2058法案后来在委员会获得了通过，但参议院否决了它，甚至没有投票。

这样的隐形倡导者是最可怕的，因为其破坏了科学在公众心中的形象，削弱了科学对政策指导的客观性。隐形倡导者服务于背后的政治目的，旨在通过垃圾科学扼杀政见不同的法案。AB 2058法案就是一个鲜活的例子。但是，垃圾科学和差的科学是两个完全不同的概念。在《垃圾科学》（*Junk Science*）一书中，丹·阿金（Dan Agin）将垃圾科学定义为为达到政治和经济目的，对方法和客观事实进行的刻意歪曲。纳粹德国当年所鼓吹的优生学，以及1633年导致伽利略入狱的质询（天主教会在1992年正式承认了错误），都是垃圾科学的典型实例。但科研做得差则不同。科研做得差往往是研究方法存在缺陷、程序存在漏洞或假设依据出现失误所导致的。

2011年1月，俄勒冈州立大学（Oregon State University）安吉莉克·怀特（Angelique White）博士题为《海洋‘垃圾带’并非媒体描绘的那么大》（“Oceanic‘Garbage Patch’ Not Nearly as Big as Portrayed in the Media”）的评

论，在某高校的媒体出版物上刊登，引起轩然大波。这篇直接叫板“得克萨斯州大小的垃圾带”的文章，一经问世即引来了无数采访。不少科学家对其赞赏有加，认为她还原了事实真相；但不少关注环保的非政府组织却对其持批评意见，认为怀特是产业界雇用的枪手。此前，她曾对智利海岸进行了调研，但在近海面采集的绝大部分样品中并未发现微塑料。在怀特看来，此前的研究存在缺陷，媒体宣传也存在不实之处，有必要撰文进行更正。

我曾问她：“您这么做的目的是否是要推翻此前的研究？”但她回答道：“我不针对任何团体。但之前报道说，垃圾带分布呈连续状，面积是得克萨斯州的两倍。还说该区域内，塑料的数量是浮游生物的 6 倍之多。这一说法显然是不准确的，而且会对公众产生误导。这种夸张的报道实际上会损害那些致力于减少海洋中塑料排放的团体的公信力。”

早在 21 世纪初，媒体曾对海上延绵的垃圾带和岛屿大小的垃圾堆进行了连篇累牍的报道。当时我们就知道，迟早有一天，大家的态度会出现反弹。有意思的是，如今在媒体报道的故事中，是关于科学家对媒体创造出来的假象和不实表述要负多少责任，这是新闻业自食其果的反面教材吧。

类似的对话在科学出版物上也开展得如火如荼，只是更具系统性。毕竟世界各地关于海洋塑料污染的发现越来越多，方法不断改善，理论也不断推陈出新。斯克里普斯海洋研究所已经完成了斯克里普斯塑料环境累积考察，并且已经开始发表成果。考察中，研究人员重复了穆尔船长之前以蛇鼻鱼作为研究对象进行的生物摄食塑料研究，并发现 9% 的鱼类存在塑料摄入的情况。虽然说该结果与穆尔船长当年 35% 的结果相去甚远，但不能因此说谁的研究就是垃圾科学。结果存在差异，是因为斯克里普斯海洋研究所的方法更加合理，避免了鱼类在入网后的进食。科学客观上会不断自我完善。相比之下，对政治的诉求、对经济的贪婪，改变起来则要困难得多。科学的这种自我纠偏属性可以完善不好的科学，并不会因此丧失科学事业的公信力，但垃圾科学只会让公众对科学产生彻底怀疑。

但安吉莉克·怀特当时并不知道，早在她考察之前，安娜和我就已经对智利沿岸的同一片水域进行了考察。只是我们的考察更为深入，一路穿过南太平洋亚热带流涡的中心，抵达了复活节岛。尽管最初的样品中塑料较少，这一结果与怀特发现的类似，但塑料颗粒的密度缓慢增加到流涡中心的40万个/km^2。

这些结果一经公布，五大流涡研究所也赢得了其他科学家的信任。经过内部协商，我们决定基于原始文献结果调整对外沟通的措辞。这一经历也为不少基层环保运动提供了宝贵经验：参与科研。因为科研不仅有助于提升公信力，也有助于对问题进行精准定位。太多非政府组织在应对塑料污染时，都将“得克萨斯州大小的垃圾带”作为事实，但并未指出这一表述在科学上的谬误。

在21世纪第一个十年中期，几乎每个月我都在回答人们就流涡塑料清理方案提出的询问。有人建议要建造塑料燃油转换系统。有人建议用网对漂浮塑料进行集中捕捞、集中处理（但不错捞海洋生物）。甚至还有人提出，建造一个直径为60 ft、漂浮式的大型垃圾采集站，那样子看起来就像是个巨大的比萨。在我看来，所有这些方案是对资源和时间的极大浪费。方案的提出全靠想象，背后既无科学依据，又无经验支撑。小型非政府组织重金进行媒体投放，其实是一步险棋。你应该确保你正在投入资源的运动的信息来源是精准的，否则你浪费了你的钱，在更大、更有钱的企业面前你毫无力量，他们主导了政策和公众认知。好的科学可以使你成为更有效的监督者。请原谅这些混杂的比喻，一旦你发现自己攻击对了目标，就塑料污染问题举例，问题是在上游设计，那么大海里的小鱼也能有大作为。

10分钟后，海岸护卫队回复道：“好的，‘垃圾’号。感觉你们都已经准备好了。这个活动有网站吗？”这话问得我俩都很开心，于是我们轮流又回答了几个问题。

“在我们离开前，你们还需要什么帮助吗？”

乔尔回复道：“多谢。能否告知未来几天的天气情况？我们之前听说，墨西哥海岸以南会有热带风暴。如果的确如此，能否告知风暴的具体坐标、行进方向以及风速。完毕。”

“‘垃圾’号，请保持在这一频段上。我们的飞机需要爬升。待无线电信号好转后，我们会再和你们联系。如有情况会及时通报。”飞机一路爬升，消失在我们的视野中。大约 20 分钟后，他们回来了。

“‘垃圾’号，这里是海岸护卫队。前方未见异常。”他们对我们行进方向的天空进行了短暂观察后回复道。

我们又聊了会儿天气。虽然嘴上没说，但大家心知肚明，以后不会再和他们进行此类闲聊了。如果他们下次再接到我们的电话，说明我们遇到麻烦了。他们给我们留下了紧急联系方式，告诉我们在必要时可以联系加利福尼亚州或夏威夷的海岸护卫队。

“收到，船长。我们这边没什么问题啦。你们保重。如需帮助，可以联系海岸护卫队。”

“非常感谢！希望不用麻烦你们，但如有需要，我们一定会及时求助。完毕。”

“收到。海岸护卫队飞机在 16 频道待命。”

“在 16 频道待命。‘垃圾’号请求挂机。”乔尔说完，我俩已经乐不可支。无论是对话的内容，还是海岸护卫队的确认，抑或这新颖的沟通方式，都够我们笑好一阵子了。

“这绝对是今天的亮点啊。”乔尔说。

几天后，在 6 月 20 日，安娜转发给我们一条博客下的留言，内容如下：“你好！我是海岸护卫队的成员，昨天刚刚和您通过话。看到你们船的时候，我们所有人都惊呆了。太有个性了！虽说给你们留了 #[1]，但还是希望你们用不上，最后平安抵达夏威夷。你们研究的这个问题确实越来越突出，应该引起大家的重视，谢谢你们做出的努力。祝平安并享受跨越太平洋之旅！”

---

① #：是一个计算机语言符号，它本身为指令，并没有其他意义。——译者

第 8 章　瓜达卢普循环：再生假象

有时候你会发现自己的处境很奇怪。入行靠的是学位，一切都是按部就班。但当你身处其中感觉良好时，你会发现自己突然不明白了。于是你不禁问自己，这一切是怎么发生的？

这就好像你乘坐木筏出海，同行的有 1 只鹦鹉和 5 位同伴。总有一天早上，你醒来时会发现周围是一望无际的大海，你可能比平时休息得好一点儿，于是你不禁开始思考。

——托尔 · 海尔达尔

《"康提基"号》(*Kon-Tiki*)，1950 年

第 26 天：2008 年 6 月 26 日，距离出发地 295 mile

（纬度 28°28′，经度 118°23′）

毕晓普岩（Bishop Rock）是位于下加利福尼亚州以西约 100 mile 处的水下山脉。当我们清晨 4 点经过毕晓普岩时，看见那里已有一处沉船残骸，但我们顺利通过。再往前 60 mile 便是瓜达卢普岛，它和曼哈顿（Manhattan）一般大小，在海平面上矗立着。虽然我们最终的目的地是夏威夷，但加利福尼亚洋流推着我们朝阿卡普尔科（Acapulco）方向一路前进。同时，由于筏无法朝着逆风 120° 的方向移动，导致在过去 3 周中，我们虽然沿着南纬方向行进了 300 mile，但在经度方向却一筹莫展。

"现在速度是多少？"我问乔尔。因为没什么别的事可以做，乔尔只能一会儿看看速度，一会儿检查下轴承。

"2 kn！"他大声说，"再创新高啊！"由于风总是从西边吹来，和右舷刚

好成 90°，我们每天只能前进约 30 mile。我们一直都幻想着能遇到信风并且风速恒定在 20 kn 以上。

“鱼！”乔尔喊道。不一会儿，我们就逮了好几条，两条在锅里炖着，剩下的挂在太阳底下风干。我们捕捞上来的叫舵鱼（rudder fish），呈蓝黑色，餐盘大小。乔尔用椰奶炖鱼，还在里面加了咖喱。他负责做饭，我负责清洁。乔尔是典型的“夜猫子”，负责在夜间监控电子设备和帆的工作情况。我凌晨 1 点接班，然后一直干到上午 9 点。我俩配合得不错。但距离到岛上，估计还得有几天时间。

1958 年，德维尔·贝克率领着三人的船队、乘坐名为“利哈伊Ⅳ”号、重达 9 ton 的筏进行漂流时，曾与瓜达卢普岛正面遭遇。而就在几周之前，那次航行的成员中现在唯一健在的唐·麦克法兰也亲自到码头为“垃圾”号送行。

唐回忆道：“我们当时被迫打开了飞行员降落伞，才避免了与瓜达卢普岛的撞击。后来因为有足够的空间，我们决定从西部绕行。”

天亮时乔尔和我又把计划过了一遍。如果往西走，海浪会一直从侧面推着我们往岛上撞。

“现在我们距离瓜达卢普岛已经太近了，恐怕没法再从西边绕了。否则时刻都有可能被风浪推上海滩。”我建议说。乔尔在地图上绘制着我们的航线，在考虑到我们向东发生的漂移后，也得出了同样的结论。

“没错儿。要不从避风一侧走吧。”他回复道。

突然之间自动识别系统发出了报警声。原来我们被船帆挡住了视线，没有看到前方不到 0.25 mile 处，有一艘来自中国的大型集装箱货轮。

“是的，我看到你们了。”货轮的船长说，“1 mile 之前就注意到了。”在接收了 20 多分钟来自我们疯狂的报警之后，货轮终于做出了回应。我们的自动识别系统表明如果不改变航线，碰撞迫在眉睫。虽然货轮的体积比我们大了十万倍，但转向灵活性却远比我们好。最终货轮不情愿地改变了航线，在我们前方以 20 kn 的速度滑行而过。幸好船上的工作人员发现了我们，否则就算把我们撞沉了，他们都浑然不觉。

海上的航道就像拥挤的高速公路，而中国的船只行驶在快车道上。被大船碾压是世界各地的水手时刻担心的问题。帆船圈里有一张照片被广泛传播。照片上是一艘刚刚抵达国外港口的大型集装箱货轮，锚上挂着一艘无名帆船的桅杆和绳索。

据美国国务院统计，2013 年，美国从中国的进口总额超过 4 400 亿美元，出口总额为 1 410 亿美元，进出口比为 3∶1。[1] 从中国进口的前几位商品类别分别为：机电（1 175 亿美元）、机械（1 004 亿美元）、家具和床上用品（241 亿美元）、玩具和体育器材（217 亿美元）以及鞋袜（170 亿美元）。

但如果进出口的比例是 3∶1，就意味着从中国来的 3 个集装箱当中只有 1 个满载货物而归，那另外 2 个里面装的是什么呢？

“我用塑料装满它们。”乔·加巴里诺（Joe Garbarino）对我说。乔是位于旧金山北部的马林县回收公司（Marin County Recycling）的首席执行官，爱好是坦克翻修。安娜和我拜访他时，他办公室的墙上挂满了他翻修的军用坦克的照片。其中一个大相框里放着一份剪报。照片里，乔的身后是压在一起、重达 1 ton 的塑料袋堆垛，高高地矗立着，几乎挡住了超市的整个入口。

乔是意大利移民的后裔，他的家族在旧金山湾区清运垃圾已有近百年的时间。可以说，他是“垃圾之王”；他的公司分类的垃圾范围也是相当广泛，从工业废料到生活垃圾一应俱全。他会把废弃的金属和汽车零部件冲压成块状，把木材劈成柴火，把混凝土分解成道路集料，把建筑用石板和农业用石膏打成粉末。他也会对塑料和纸张进行分类，把餐厅大量的厨余垃圾用作动物饲料。

“但塑料不好处理。”加巴里诺说，“但又不能不处理。当然，我可以把这些塑料袋送到加利福尼亚州的垃圾填埋场去，只要付 63 美元的倾倒费就好。但中国会把这些垃圾用集装箱运走。几乎没有美国企业愿意接受废旧塑料。”有一次，当地的一家杂货店请消费者带塑料袋过去进行回收，加巴里诺知道“这就是忽悠”。于是决定借此机会对回收问题做出澄清。就这样，他把 1 ton 重的塑料袋堆在了杂货店门口，并通知了媒体。

加巴里诺的经历反映了塑料制品在美国的使用交换路径。艾伦·麦克阿瑟基金会（Ellen MacArthur Foundation）在 2016 年出版的名为《新塑料经济》（*The New Plastics Economy*）的研究报告中指出，当今全球塑料回收工作是失败的。据该基金会估算，2013 年全球用于包装材料的 7 800 万 t 塑料制品中，用于回收的只有 14%。而且即便是这用于回收的 14%，其中有 4% 在加工过程中被损失，8% 降级回收、被制成等级低的产品，只有 2%（即 150 万 t）真正进入了回收再利用的循环。至于那 86% 没有用于回收的塑料垃圾，则被掩埋、焚烧或排放入海。还有一个问题是，新塑料制品的价格和油价挂钩。所以，当油价下跌时，新生产塑料的成本甚至低于回收成本。当务之急是使回收塑料制品与大宗商品市场之间实现脱钩，从而避免回收材料的市场价格随化石燃料价格出现大幅波动。

曾有一度，很多美国西海岸回收企业都将没有价值的美国废塑料输出到中国。但 2010 年，随着“绿篱行动”（Green Fence）的推出，中国政府开始通过实施政策对进口垃圾的质量进行严格管控。中国不再想要我们那些设计很差的“无法回收的”塑料产品和分类很差的塑料包。虽然加巴里诺的废塑料包是行业中最干净的，但其他的都不是。中国对收到的塑料垃圾中有时含有放射性物质、实弹甚至腐败变质的尸体残骸已经忍无可忍。“绿篱行动”启动之前，中国平均每年会接收 8 000 万 ~ 9000 万 ton 的碎塑料，其中绝大部分都在家庭作坊由落后的熔炉进行处理。处理过程中产生的大量废弃物和废水加剧了当地环境的迅速恶化。与此同时，无法回收的垃圾在东南亚各国堆积成山，甚至偶有因垃圾堆倒塌造成员工被埋。“绿篱行动”对美国回收企业塑料的质量提出了更高的要求。中国仍想要塑料，但实质上是实施生产者责任延伸（extended producer responsibility，EPR）的原则，以此明确外部性对本国人民和环境造成的真实成本。中国的态度是：“发送给我们的垃圾不能是没有价值的。”美国回收企业的应对大致也分为两种，一种是通过拒收部分公共垃圾，提高垃圾的质量；另一种是将垃圾出口至印度等其他国家——基本原则就是不愿支付美国国内的垃圾填埋费。

2013 年，我造访了印度孟买（Mumbai）达拉维贫民窟（Dharavi slum）。

印度是美国和欧洲废塑料的进口国之一。穿过狭窄的巷道，冒着刺鼻的浓烟，我终于走到了贫民窟的中央，那里同时也是垃圾处理的场所。脚下的一个塑料袋上赫然印着："纽约，纽约。今天好心情。"在这里分好类的大包垃圾要经过最后的检查。女工们一字排开，时不时通过牙咬判断着聚合物的种类。垃圾装桶后被运往破碎室，被锋利的飞轮打成玉米粒大小的碎片。之后碎片被运到熔融室，塑料被送进炽热的炉膛内熔融并挤成像面条的形状。最后，一位估摸着不到20岁的年轻男子用刀将塑料条切成小块儿，这些小块儿被称为"预制颗粒"。我在那里只待了十来分钟，就已经觉得眼睛刺痛，喉咙也似火烧一般。这个房间的工人吸收了最大剂量的增塑剂和污染物。当地一家非政府组织称，从事这份职业的工人为了每天2美元的待遇，至少牺牲了20年的寿命。那么，回收之后的塑料又去了哪里呢？

这些塑料被中印两国的企业用于制造新产品，很多被再次出口到了美国——这些并非总是安全的，这不足为奇。我回家乡新奥尔良的时候，和韦尔迪·格拉斯（Verdi Gras）的联合创始人霍莉·格罗（Holly Groh）交流过。她成立韦尔迪·格拉斯的初衷就是希望通过努力，保证狂欢节洒在观众身上的塑料彩光珠或纸屑中不含有对人体有毒有害的物质。韦尔迪·格拉斯在最近发布的题为《健康的产品》（*Healthy Stuff*）的报告中指出，狂欢节上的塑料珠的铅毒性与由熔融的电路极制成的回收塑料颗粒有关。[2]而且其铅含量已经超过了美国消费品安全委员会（US Consumer Product Safety Commission）针对美国产品中铅含量设定的监管标准。虽然路易斯安那州仍然允许进口，在新奥尔良的很多俱乐部中依然充斥着名为"一打打的珠子"（Beads by the Dozen）这些公司提供的塑料珠等节日和游行的装饰品，但加利福尼亚州等已经明令禁止经由这些公司进口此类产品。这里也特别提醒一下各位家长，千万不要让孩子把塑料珠放入口中。

贯穿塑料生命周期的诸多问题都已表明，当前线性的经济发展模式已经走到了尽头。而在循环经济中，我们能够通过重塑价值链，让材料重新回到企业；通过调整价值链，为经济转型和政策调整创造条件。让产品设计师、系统工程师、垃圾回收商共同参与到协同设计中，我们才能形成闭环。

第 28 天：2008 年 6 月 28 日，距出发地 308 mile

（纬度 28°14′，经度 118°31′）

“我们被困在漩涡里啦!”眼看着下一次碰撞迫在眉睫，我对乔尔大声喊道。这一次撞击的对象不是船，而是瓜达卢普岛的东侧。50 年前，唐·麦克法兰和德维尔·贝克驾驶着“利哈伊Ⅳ”号从瓜达卢普岛的西侧绕行，本次我们决定反其道而行。从西侧绕行的风险是可能被风浪吹到岸上、造成搁浅；而从东侧绕行，我们又被困在了直径为 2 mile 的洋流漩涡中，置身于瓜达卢普岛的阴影下。这已是两天中我们第二次被拖进漩涡了，只是这次距离撞上瓜达卢普岛更近了。

“我们得考虑弃船了。”乔尔说。此时，锋利陡峭的崖壁距离我们越来越近，海浪拍打岩石的声音也一波高过一波，周围完全看不见平缓的滩涂，只有垂直高耸的岩石在海狮凄厉的叫声中静静地矗立在海上。海水每次打在岸上，又会倒退几米落下来。因为岩石的遮挡，这里的水流相对平缓，同时大量海狮的幼崽也吸引着饥饿的鲨鱼成群赶来。如今，这里已成为瓜达卢普岛的一大景点。每年都会有人慕名而来，坐着鲨鱼笼跳入海中“与鲨共舞”。

救生筏已解下，我抓起逃生袋，准备弃船。逃生袋里的应急装备是我根据斯蒂芬·卡拉汉（Stephen Callahan）的《漂流：我一个人海上的 76 天》（*Adrift*：*Seventy-Six Days Lost at Sea*）如法炮制的。如今破浪距离我们还不到 100 yd，水流方向开始南移，希望能把我们重新推回开阔海域。

“这已经是转了第二圈了。”说这话时，我的心情很复杂。有点沮丧，但又有点轻松，甚至还觉得这情况有点逗。感觉这北太平洋流涡，我们怎么都进不去；但垃圾漂进去，仿佛又轻而易举。乔尔猛地一掷，打开了降落伞形状的大三角帆，希望能将我们带到新方向上。由于海岛的遮蔽，风很乱，时而平静缓和，时而回旋强劲。

美国的塑料回收急需一个新的方向。现在的回收模式浪费大、效率低。回收产业已经取得了长足的发展，垃圾分类的公众教育力度也在不断增大，但从环境和经济角度看，在过去几十年中没有什么变化。约翰·蒂尔尼（John Tierney）在《纽约时报》发表的题为《回收的盛极时代》（“The Reign of Recycling”）的专栏文章中，也表达了同样的观点。[3] 随着中国“绿篱行动”的实施及石油价格的大幅下跌，对废旧塑料制品的需求也开始减少。与此同时，对政府而言，塑料的单位回收成本也高于填埋成本。按照一般人的逻辑，能低价填埋，何必还要高价回收？

在《回收假象》（*The Recycling Myth*）一书中，杰克·巴芬顿（Jack Buffington）描述了过去 50 年中废物管理、焚烧厂和垃圾填埋场的发展轨迹，并将其同回收行业的发展轨迹进行了比较。[4] 今天的垃圾管理和过去早已不可同日而语。我至今依然记得，20 世纪 70 年代末，每逢温暖宜人的周六早晨，我都会帮助邻居把垃圾运到废料场。所谓的废料场其实就是一个巨大的坑，深 50 ft，面积和奥运会游泳池一般大。我们倒车至坑边，然后将翻斗中的垃圾倾倒一空。有一年夏天，我们在那里倒的屋顶板堆成小山；还有一次飓风过后，我们把吹倒的树也运到了那里。还有一次，我们把心爱的绿色漆皮沙发运到了那里，看着沙发被吊臂末端的巨型机械手送进了焚烧炉，那样子就好像是游乐场里的抓娃娃机。如今，对大多数的美国人来说，这些都已经成了尘封的记忆。

现在我们只需要把垃圾放在路边，自动会有专人清运，没人会觉得麻烦，毕竟眼不见、心不烦。废弃物管理（Waste Management）、废弃物连接（Waste Connections）、共和服务（Republic Services）三大公司负责着美国 45% 的垃圾清理工作。他们非常擅长从你家门前把垃圾清运走，并将其运往数英里之外的同样整洁的倾倒点。[5] 相比之下，回收中心却被落在了后面。巴芬顿说：“比起当今的超大型垃圾填埋场和废弃物管理企业，回收型企业往往规模较小、集中度差、效率低下，并且与前端产业供应链严重脱节。”[6] 如果说废弃物管理、焚烧和填埋都已经做到了家得宝（Home Depot）① 的规模，那么回收

---

① 家得宝即美国家得宝公司，为全球领先的家居建材用品零售商、美国第二大零售商，家得宝遍布美国、加拿大、墨西哥等地区。——译者

中心就好像家门口的五金店，完全形成不了规模效应。

很多大城市的确设有专门的材料回收设施（material recovery facilities，MRF），这类设施负责将垃圾填埋场和焚烧厂中可回收和可做堆肥处理的垃圾进行分类。但这些城市并没有从源头治理的角度要求企业在设计新产品和新包装的时候就考虑日后的回收需求，而是继续追加税收资金进行技术升级，被动应对更复杂的废弃物品种。塑封、金属、利乐包、果汁盒以及很多其他新包装都未能被材料回收设施截获，而是直接进入垃圾填埋场。

但即便材料回收设施能够将来自路边分类垃圾、混合垃圾和商业废弃物的塑料垃圾全部拣选并分类，这么做真的值得吗？巴克内尔大学（Bucknell University）的经济学家托马斯·金纳曼（Thomas Kinnaman）指出，回收废弃物的能源、基础设施和人力总成本基本是填埋的两倍。[7] 金纳曼说："确实有证据显示，强制实施回收项目有助于提高回收率。但并不意味着更高的回收率会带来更高的材料二次利用率。事实上，如果只是把废品采集并运往回收站，但却无法对其进行有效再利用，问题是无法从根本上得到解决的。这种做法充其量是对当前矛盾起到缓解作用。"

面对原油价格下跌、市场需求疲软、产品和包装设计要求日趋复杂、供应链效率低下等问题，不少回收企业终于不敌填埋场和焚烧厂的规模经济效应，选择放弃。蒂尔尼在《纽约时报》中曾做出以下论断："城市垃圾填埋已有几千年的历史。时至今日，填埋依然是最便捷、成本最低廉的垃圾处理方式。反观回收运动，似乎大势已去，如今只能依靠补贴、宣传和加强监管勉强续命。如果一个战略自身都不具可持续性，又怎么可能用它来进行可持续城市的建设呢？"

但美国各州市领导人的做法表明，蒂尔尼错了。

洛杉矶市市长埃里克·加尔塞蒂（Eric Garcetti）与洛杉矶零废弃（Zero Waste LA）、洛杉矶不浪费（Don't Waste LA）、洛杉矶新经济联盟（Los Angeles Alliance for a New Economy）等机构于 2015 年制定了一张宏伟蓝图，计划到 2025 年实现固体废物 90% 可回收的目标。加尔塞蒂市长说："最让我难过的事就是听到人们说，在回收问题上，他们想做但做不了。下一步我们要让回收走进企业、走进家庭。因为在这些地方，70% 的垃圾不需要送往填埋场，完全可以被回收利用。”[8]

纽约市市长比尔·德布拉西奥（Bill de Blasio）也计划在 2030 年实现同样的目标。德布拉西奥说：“我们计划通过堆肥、改善回收等举措，减少垃圾产生量；并通过持续努力在未来实现纽约市垃圾零填埋的目标。”[9]

如果最后要实现所有垃圾回收再生，必须要求所有材料在生产时首先做到可回收。巴芬顿在《回收假象》一书中指出：“我们现在所追求的改善方向都是建立在材料科学创新（如绿色化学）、设计和供应链转型的基础上的。”[10] 如果产品及包装的设计者能够和材料回收设施的经营者实现沟通合作，相信会带来翻天覆地的变化。但不可能期待这种沟通会自然而然地发生。

政策驱动的生产者责任延伸是必需的。企业如果知道自己对产品和包装的责任范围是整个生命周期的全覆盖，肯定会在回收方面积极创新。德国就是一个很好的例子。自生产者责任延伸制法律于 1991 年生效以来，小至废品收集贩售机，大到对制定和实施生产者责任延伸计划的品牌进行奖励的绿点系统（Green Dot system），都见到成效，德国因此在 1992—1998 年实现包装总量减产 110 万 ton，并在今天续写着成功的故事。2016 年 5 月，智利总统米歇尔·巴切莱特（Michelle Bachelet）签署通过《回收与生产者责任延伸制法》（*Recycling and Extended Producer Liability Law*），该法被称为“南美最严回收法”，要求生产和进口企业对产品回收负全责。该法规定，生产和进口企业有责任发展废品回收行业，保障其资金来源，确保所有包装材料在经过收集、分类、运输等环节后返回原生产企业。[11]

在美国，除饮料容器押金法律外，生产者责任延伸制的范围非常有限。美国是经济合作与发展组织（Organisation for Economic Co-operation and Development）35 个成员国中唯一不对塑料包装实施生产者责任延伸制的国家。几十年来，饮料瓶生产企业一直在同饮料容器押金计划进行着不懈的斗争。如今美国只有 10 个州依然保留着对饮料瓶收取押金的做法。在这 10 个州中，回收率高达 65%~96%，远远高于全国平均值（32%）。2013 年，加利福尼亚州 PET 塑料瓶的赎回价格为 2 L 大瓶 10 美分、小瓶 5 美分，回收率因此飙升至 70%。在我洛杉矶的寓所附近，很少看到任何一个 PET 的苏打水瓶或 HDPE 的矿泉水瓶在地上被长期搁置。在循环经济中，瓶赎回计划是提高回收率的有效手段。试想，如果将赎回的范围也拓展到所有产品，会怎样？

面对约翰·蒂尔尼“继续填埋和焚烧，放弃回收再生”的呼吁，生产者责任延伸倡议组织当你播种（As You Sow）的创始人康拉德·麦克伦（Conrad MacKerron）说：“如果真像蒂尔尼说的，回收再生是亏本买卖，那么，为什么沃尔玛（Walmart）、宝洁、高露洁 - 棕榄（Colgate-Palmolive）甚至高盛（Goldman Sachs）的首席执行官要在去年拿出 1 亿美元设立闭环基金呢？他们不就是希望以贷款的形式改善路边的回收基础设施，改善回收市场，进而改善循环再生的效果吗？”[12]

现在回收再生的趋势是将生产者责任延伸至前端设计，真正实现闭环。我们所追求的是更好的设计，以实现所有材料能够通过回收再生回到生产阶段。回收再生真的是我们最希望看到的结果。正因为如此，每当看到宣传生物可降解、循环再利用的广告时，我们格外欢迎。这些词深深地扣动了我们的心弦，是我们心之所向。我们现在需要看到的是企业如何通过体系建设将这些落到实处。

“我们改道去阿卡普尔科！”我对乔尔说。原计划里本来没有这一段，这完全是在我们的朋友兰迪·奥尔森（Randy Olson）建议下增加的。作为讲故事大师，兰迪建议说：“你假装原定计划就是这样的。在博客上更新一下！”换言之，不要向命运屈服。还是那个故事，调整下情节就好。当然，事实是我们坐在一堆垃圾上随波逐流，在何去何从这个问题上并无太多主动权。3 周前我们离开了洛杉矶，3 周时间里我们走了 300 mile。此时，我们所处的位置距夏威夷 2 000 mile，距危地马拉 1 000 mile，距阿卡普尔科 400 mile。

我潜入“垃圾”号下方，对小浮筒的状态进行检查。和安娜前来维修和送补给的时候相比，浮筒状态看上去还不错，只是发生了少许位移。我在“垃圾”号下又加了 2 个浮筒，打结绑紧，并把松动处切断；我的脚下，一群手掌大小的鱼正不停地打转。乔尔在船上修理着生锈的炉子，恰好遇到一只软毛海豹（fur seal）从身边游过。虽说软毛海豹原产自瓜达卢普岛，但有时也会出现在距离大陆 100 mile 外的海域，可能是为了捕食，也可能是看到“垃圾”号，于是决定过来一探究竟。

两只黑脚信天翁轻轻地划着水，尾随我们游了好几个小时。我们当中只要有一人起身靠近护栏，它们就会游过来盯着我们，仿佛在等待我们采取下一步行动。但真的已经没有什么行动可以采取了。生活的脚步都慢下来了。建造“垃圾”号时的混乱、回复社交媒体时的身心俱疲，如今都已荡然无存。剩下的只有安娜通过卫星电话发来的讯息。我决定给她写一封情书。写好后，我从垃圾桶里翻出送别那天留下的空酒瓶，把情书放了进去，塞紧了瓶塞，然后将酒瓶扔进了海里。之后，我在筏上静静地坐了好几个小时。在这长长的空白中，我发现，脑子里充满了自己的对话，声音之大，前所未有。

这些对话，仿佛每个都有自己的名字、自己的性格。第一个对话的主题是形象维护，讨论的内容包括如何解释项目失败的各种原因以及如何面对他人的看法。我把这个对话叫作“形象管理员”。这个对话的产生源自我内心的不安全感，于是我强行制止了这个对话。第二个对话的主题是安娜，讨论的内容包括我对她的想念、我们两人的未来等。这个对话很梦幻，但有时也会带点醋意。我把这个对话叫作“追梦人”。和追梦人相处有时很有趣。第三个对话的主题是让生活有意义，讨论的内容包括在剩下的时间中，哪些事情值得做，哪些不值得做。我把这个对话叫作“老人”。之后对话的范围延伸到了塑料污染运动的战略上。我问自己：应对这个问题的最佳方式是什么？需要开展哪些科研为倡议活动提供支撑？我把这个新的对话称为“积极分子”，这个对话持续了很久。

还有一些对话时间很长，主题是命运。不只是筏的命运，更是人类文明的命运。此刻，人类文明的大船正朝着资源匮乏、人口过剩、环境污染的方向驶去，也许在我们的有生之年就会触礁。我不禁想起了自己在密西西比河沿岸梅泰里度过的青少年时光。在这条河上漂浮的垃圾来自美国 31 个州，占到了美国大陆垃圾总量的 42%。这 100 mile 长的河段是生我养我的地方，如今她却被称为“癌症巷道”。究其原因，是因为路易斯安那州政府允许石化企业将该段河道作为通往全球的货运高速路。

小时候，堤坝和河道之间绿柳成荫的林地是我的乐园。在淤泥里捕捉小动物的游戏不知陪伴我度过了多少个夏天。我的母亲对孩子极其宽容。在她的帮助下，我和哥哥在我 15 岁那年如愿成了“动物收藏家”。在我们自家后院挖的大水塘里，我们养了 11 条蛇、1 只幼年鳄鱼和 96 只乌龟。对我们来说，这是一堂宝贵的生态课。因为后来，由于动物数量过多，饲料、用水和清洁工作跟不上，我们眼睁睁地看着一个封闭的生态系统，在过度繁殖、资源匮乏和环境污染的三重压力叠加下，逐渐走向崩溃。不得已，我们只能赶紧将所有动物放归自然。

地球本身也是个封闭的生态系统，并且在很大程度上已经被人类的过度繁衍和污染所累。在自然界中，各物种一方面通过不断繁衍，实现自身种群数量的最大化，另一方面又互为竞争，制约彼此种群的数量。人类凭借智慧和文明在这个原始的繁衍竞争中冲在了最前列，但如今我们已经冲过了终点。我们能否克制自己的物质文化，回归自然循环？我们能否实现产业和技术的转型升级，在这闭环的系统中依然留有立锥之地？我们能否摒弃自己消费、繁衍、污染的原始本能，转而学会运用集体的理性与克制？

渐渐地，方才的种种对话开始淡去，我的脑海中只剩下一片空白。无事可做，无处可去，我盯着远方的地平线，满眼空寂。在空寂中感受，在空寂中经历。也许，这才是最难的对话。

第 9 章　浪费惊人　难以估价：循环奇科袋[1]对塑料袋的游说

如果你想建造一艘船，不要召集人们一起去收集木材，也不要分派给他们任务和工作，而是教他们去向往大海的广阔无边。

——安托万 · 德 · 圣埃克苏佩里（Antoine de Saint-Exupéry）

节选自《要塞》（*Citadelle*），1948 年

第 34 天：2008 年 7 月 4 日，距出发地 529 mile

太平洋上的爱国主义（纬度 24°36′，经度 120°37′）

“我们要升旗吗？”我问道，指的是在我背包最底下的那面星条旗。那是一面巨大的旗子，曾经盖在我继父的棺柩上。1 个月前我们被拖离洛杉矶港时，它懒洋洋地挂在桅杆上。

“要，我也正在想这个。”乔尔回答。接着他说：“如果人们看见我们，他们可能想我们是疯子。”乔尔正忙着缝“弗兰肯帆”的最后几针，这是一个由废旧帆片拼凑在一起的缝合帆，用胶带和粗线固定在一起。他希望这能提高我们的速度并调整方向。

“那能行吗？”我问道。

“行，我想可以。我想不到对废旧碎帆片的更好用途了。”乔尔回答说。

---

① 奇科袋（ChicoBag）是美国企业，创始人为安迪 · 凯勒（Andy Keller），设计的产品可替代一次性产品，大多数产品有一个附加的袋可以折叠，便于随身携带。该企业被评为“2014—2018 年最佳对世界有益企业”。——译者

在我们长时间的谈话中又 10 分钟过去了。“我们是疯子。”我说，“但我们并不比其他人更疯狂。我是说，我们在做一件不寻常的事，但是具有非常宏大的目标。”

又一阵长时间的沉默后，乔尔回应说：“是的，我知道这不是噱头，嗯，或许是吧，但我想以我们所知道的，人们应该关注似乎是合理的。”

“足以为其冒险而死？”我打断他。

“我们并不是去死。”乔尔回答。

“好吧，我并没有打算去那样做。”我说，随后暂停了一两分钟以消磨时间。

“这是爱国主义。”乔尔说，“这是在做一些无关自己的事情。当然其中也有一些自我主义，但你感受到责任感，像一种义务。”

我们为这个想法苦恼了很长一段时间，时间足够长以至于外面的观察者会认为谈话已经结束了，但这带来了新的认知。

几分钟后，“你知道。”我说，“它真的感觉是一些远大于我们自己的事情。我的意思是，首先现在有这么多人参与到这个项目中，所以我们所做的是为团队而做。”我停顿了一会儿，接着说：“我们也可以感到自豪，我们做的一些事情能够得到国家的重视并承担责任。”

期待我们的这次冒险能改变什么是一个徒劳、理想化的陷阱吗？这种徒劳无益的做法真的是在“洗绿”个人挑战的私欲吗？在自我反省和有悲观情绪的这些时刻，我质疑是什么激励众多新机构和初创企业家们每星期推出一些清理流涡塑料的新主意，或者那些制造者不断从生产线上生产出反塑料产品。

我们一直以 0.7 kn 的速度向西南偏南 190° 方向前行，我们的方向错了！我们想去西方，即 270° 或更多一点，朝着风吹来的方向、夏威夷方向。昨天，我们从甲板上取下一节桅杆，绑在备用舵上，然后垂直地把它从船下 4 ft 处抛下去。这个临时搭板使我们的前进方向改变至 200°，保持我们的“垃圾”号顺风漂过海面，速度爬升到 1.2 kn。

下午 3 点左右，乔尔完成了弗兰肯帆的制作。“我们把帆升起来吧。”他在桅杆顶部和船左舷分别安装了 1 个和多个栓子。我们一起把帆升起来，我们感觉到筏加速了，歇斯底里地笑起来。升帆使我们的航行方向达到 215°、速度达到 1.8 kn。

“看，这些帆片派上用场了。”乔尔说。

“价值之大，不容丢弃。”我说，仿照贴在加利福尼亚州各处的塑料行业的口号。

我们正在不断减少到夏威夷的距离和天数，我们在航行！每向西 1°，每增速 1 kn，都会使我们远离 1 000 mile 之外卡布 - 圣卢卡斯（Cabo San Lucas）正在酝酿的风暴。

美国化学理事会是世界上最大的石油化工贸易组织，代表陶氏化学、孟山都、杜邦以及其他 200 多家企业。根据 OpenSecrets. org［负责任政治中心（Center for Responsive Politics）］网站的数据，该理事会在 2011—2015 年花费超过 5 000 万美元用于游说活动。[1] 如果你沿着加利福尼亚州海滩驾车前行，你会看到 55 gal① 的垃圾罐包装上有美国化学理事会投放的广告，内容是一个戴着自行车头盔的小女孩喝着塑料瓶装饮料，广告词写着：“塑料，价值之大，不容丢弃，循环再生。”此次公共运动保留了消费者的责任，然而非常强势地拒绝了生产者责任的延伸。

2012 年，我的一个好朋友同时也是一位图片设计师，帮助我把美国化学理事会的广告严格依照其颜色和字体复制到特大尺寸的贴纸上，但是做了一些修改。现在的广告词是“塑料，浪费惊人难以估价：拒绝”。我们开始用我们相反的广告语覆盖他们的，从而“引爆”整个海滩。你必须用火来灭火。但是塑料袋属于政策的前沿，当美国城市开始通过禁令的时候，美国化学理事会和塑料袋的游说者则立即迎头而上。

塑料袋是逃亡艺术家，吹到街道，卡在树上，堵塞雨水沟。回收中心的所有者首先表示，他们在处理袋子上浪费的时间和金钱超过了袋子自身的价值。这个行业的口号很简单：“塑料袋禁令提高税收，扼杀就业机会。”当它

① 1 gal=3.785 43 L（美制）。——译者

被贴在公共汽车长椅和广告牌上时，公众投票的时刻来到了。事实上，塑料袋禁令为能提供可持续替代品的公司创造了就业机会，同时减少了对便宜、脆弱及污染环境的塑料袋的海外进口量。塑料袋禁令减少了税收。美国居民承受来自塑料袋的双重税收：首先，我们支付较高的税费用于市政废弃物管理成本，去清理树上、排水沟、栅栏和公共用地上的塑料袋，如根据洛杉矶环境部门的测算，每个塑料袋的该项成本费用是 17 美分，全由纳税人买单。本世纪第一个 10 年的后期，关于塑料袋的法令在美国各地涌现。马萨诸塞州楠塔基特（Nantucket，Massachusetts）是美国第一个禁止塑料袋的城市，1990 年位于西海岸的政府开始逐步颁布塑料袋禁令和收费制度。2007 年 3 月，洛杉矶成为加利福尼亚州第一个颁布塑料袋禁令的城市。起初，洛杉矶曾试图对塑料袋收费，但该方案遭到行业前线组织的反对。拯救塑料袋联盟是这类组织之一，专门在公众和决策者之间进行隐秘宣传，散布错误信息和混淆视听，以制造怀疑。在“贩卖怀疑的商人”斯蒂芬·约瑟夫（Stephen Joseph）的领导下，该组织争辩说在没有准备环境影响报告（environmental impact report，EIR）的情况下，城市不能收取费用。对许多小城市而言，准备环境影响报告成本太高，所以该要求有效地破坏了实施塑料袋禁令的诸多努力。塑料袋法（Plastic Bag Laws）的创始人珍妮·罗默（Jennie Romer）曾说过：“这些诉讼的成就是除了恐吓之外，还延迟了禁令的颁布和实施。”

2006 年 9 月 30 日，加利福尼亚州州长阿诺德·施瓦辛格（Arnold Schwarzenegger）签署了 AB 2449，即《加利福尼亚州塑料袋循环再生法案》（*California Plastic Bag Recycling Act*）。该法案实际上是先于市政当局对塑料袋收费。当各地市政当局，如圣何塞（San Jose）和奥克兰（Oakland）试图禁止使用塑料袋时，他们被拯救塑料袋联盟起诉。“我们并没有挑战任何一个做了环境影响报告的城市。”斯蒂芬·约瑟夫说。

安娜和我在圣何塞图书馆做演讲的时候，和斯蒂芬遇到过一次。他坐在一群年轻女孩的后面，我们相信那些女孩是约瑟夫特意安排在前排就座的，她们噼里啪啦接连发问了一系列有准备的问题，那些问题与拒绝贫困家庭使用塑料袋把他们的食品带回家、向他们征税并剥夺他们的工作等不道德的做法有关。

拯救塑料袋联盟起诉圣路易斯·奥比斯波（San Luis Obispo）、圣克鲁斯、长滩和帕洛阿尔托（Palo Alto）。其还起诉了马林县。马林县回收公司的乔·加巴里诺证实，塑料袋和泡沫塑料“应该在全世界范围内被取缔”，他引证了塑料袋和泡沫塑料在他的回收中心是如何堵塞机器的，以及脏塑料袋没有市场的原因。[2] 最终，马林县塑料袋禁令得到了支持，因为它是由公民而不是通过市议会提出的，因此从一开始就得到了广泛的支持。

旧金山在没有环境影响报告的情况下直截了当地实施了彻底禁令，斯蒂芬也起诉了旧金山，但旧金山最高法庭判决支持市政禁令，该禁令于 2012 年 10 月生效。洛杉矶完成了环境影响报告并在 2014 年早期赢得了塑料袋禁令。到 2016 年，已有 67 个法令颁布，覆盖全国范围内的 88 个城市。

2009 年 4 月，在华盛顿的埃德蒙兹（Edmunds）①，安娜和我以议会议员斯特罗姆·彼得森（Strom Peterson）的名义为所提议的塑料袋禁令作证，该禁令获得一致通过。那年夏天，当西雅图（Seattle）试图通过一项 20 美分的塑料袋税收政策时，美国化学理事会通过其前线组织阻止西雅图袋税联盟（Coalition to Stop the Seattle Bag Tax）开始介入。他们收集了 22 000 个签名，通过付给那些成功在城市掀起“巨浪”的签名收集人平均每人 8 美元的报酬，有效地迫使公民投票。[3] 广播广告狂轰滥炸，印刷广告横扫了整个城市，大肆宣扬两个经久考验、热门的说辞：塑料袋费是一种“税”，同时是在“剥夺工作机会”。美国化学理事会的史蒂夫·拉塞尔（Steve Russell）说：“我们都同意，有很多方法可以实现这样的目标：更多的可回收材料不会惩罚有固定收入的人，也不会惩罚那些付不起这些费用的人。”[4] 当地的宣传团体［如绿袋运动（Green Bag Campaign）］全年共筹集 6.5 万美元来反对全民公决，但美国化学理事会为全民公决提供了 140 万美元捐款，后者与前者的比是 21∶1。[5] 广告起作用了，2009 年年底，公投推翻了市议会禁止塑料袋的决定。

工业界现在开始发难。

---

① 此处原文恐有误，应为“Edmonds”。——译者

2010 年，优质再利用塑料袋生产商奇科袋（ChicoBag）的首席执行官兼创始人安迪·凯勒（Andy Keller）接到通知，称他正受到全球三大一次性塑料袋生产商的起诉：希勒克斯聚合公司（Hilex Poly Company）、超级袋制作（Superbag Operating）和高级聚合袋（Advance Polybag）。他们声称奇科袋的“虚假广告和在州际商贸中的不公平竞争”造成了“无法弥补的伤害”。

这起诉讼策略性地在南卡罗来纳州（South Carolina）提起，那里没有反对针对公众参与的策略性诉讼（strategic lawsuit against public participation，SLAPP）的法律。针对公众参与的策略性诉讼是一种常见的行业策略，旨在通过诉讼成本压倒批评者，直到他们放弃战斗。这种透明的恐吓策略在大多数州都是非法的。诉讼就是要让安迪破产，而不是为了别的。

2004 年，安迪参观了当地的一个垃圾填埋场，看到成千上万个塑料袋在风中飘扬，于是他成立了自己的公司。他被白色和米色的一次性袋子的场景吓坏了。在开车回家的路上，他止不住地注意到挂在树上的和随风刮过街面的塑料袋，那些塑料袋就像城市的野草。成立一家公司去解决这个问题的想法引导他来到一家二手店，买了一台二手缝纫机。在他家厨房的桌子上，他制作了第一个未来将有数百万的可重复使用的袋子。

在这起诉讼中，安迪被指控为销售他的可重复使用尼龙袋而带头传播反对塑料袋的错误信息的运动。他的网站上的一个信息页面引用了美国环境保护局关于塑料袋回收率为 1% 的声明，以及你只需要重复使用 1 个布袋 11 次就等同于减少 1 个塑料袋的碳足迹。他引用了《国家地理》的一份声明，其中提到了每年使用的 5 000 亿个塑料袋，以及海洋流涡中塑料垃圾的累积，还引用了《洛杉矶时报》（*Los Angeles Times*）的一份声明，其中提到了成千上万的哺乳动物和鸟类因摄食塑料而受到伤害。尽管这些声明在成千上万篇媒体文章和公共文件中被多次来回引用，甚至在禁止塑料袋的城市法令中也被引用，但这 3 家公司却带头将诉讼矛头对准了安迪。从他们的角度来看，他是一个完美的目标：作为社会活动家的首席执行官装扮成袋子怪物，在那些正在考虑塑料袋禁令的城市的市政厅跳舞。

安迪的袋子怪物形象是用 500 个塑料袋装扮而成的，代表着 1 个美国人每年使用的一次性塑料袋的平均数量。“它是一个行走的巨兽，进行一些现实的提醒。”安迪说，“大多数人从未想过他们用了多少个塑料袋，用了多长时间，它们是用什么制成的，它们的寿命能维持多久以及在它们短暂的使用周期后它们命归各处。袋子怪物唤醒人们内心的这些问题，并向我们展示了一次性塑料是多么的荒谬。”

我被邀请作为专家证人参加奇科袋的法律辩护，提供主要的科学资料去支持安迪的主张。奇科袋关于塑料袋回收率和全球消费方面的表述是容易辩护的。争议的焦点在于美国环境保护局报告中的塑料薄膜回收率“回旋余地”，2012 年的回收率为 11.5%。[6] 塑料袋被归并到所有“小袋子、大袋子和包装”的总回收率中，其中包括数百万英里长的用于全世界各地运输包装箱的胶条。这些是最容易回收的，因为可以直接从拆包仓库收集这些塑料膜。实际上塑料袋是不可回收的，没有数据可以说明多少塑料袋被回收或循环利用了，因此奇科袋所引用的 1% 的回收率可能太高了。

原告的目标是奇科袋的两项声明，即估计每年有 10 万只海洋哺乳动物、爬行动物和海鸟因缠结和吞食塑料而死亡，以及声称世界上最大的垃圾填埋场漂浮在加利福尼亚州和夏威夷之间的某个地方，里面到处都是塑料袋。关于死亡率，你可以在联合国、美国国家海洋和大气管理局的报告里以及数以百计的通俗文章和网站上看到，追溯到 1983 年海洋碎片会议上发表的关于软毛海豹缠绕的论文，其估计“有 5 万 ~9 万只软毛海豹被塑料缠绕致死”。[7] 不知怎么这个统计数字达到了 10 万只，代表了所有海洋哺乳动物的数量。很可能，塑料导致的死亡数量要高得多——可能每年在百万级，如果你把哺乳动物、爬行动物和鸟类的数量都算在一起，仍然可能被低估了，因为这些动物死亡后大部分尸体很快就会沉入海底。[8] 同时，将海洋中的塑料称为“垃圾填埋场”、“带”或“汤”是一种微妙的隐喻性陈述。一个填埋场和一个带都有清晰的边界，而塑料在流涡里并没有边界。把它叫作汤会让你想到味噌汤、炖汤或秋葵汤。这些荒谬的争论并不是起诉的真正目标。但工业界质疑奇科袋网站声明的策略却适得其反，随后的一些科学发现比奇科袋参考的一些通俗文章更能力证这些声明。当安迪·凯勒和众多支持者进行反击的时候，3 家塑料袋生产商的努力反而“引火烧身”给另外一面。

冲浪者基金会、地球资源基金会（Earth Resource Foundation）、环境工作组、加利福尼亚绿色城市（Green Cities California）、关爱 2（Care2）、治愈海湾（Heal the Bay）、塑料污染联盟（Plastic Pollution Coalition）以及许多其他组织帮助安迪收集了 25 000 个请愿签名，敦促 3 家塑料袋公司撤诉。奇科袋在公众意见的“法庭”中获胜了。

安迪占领了道德高地，押注于大众的善意。美国有线电视新闻网（CNN）和滚石（*Rolling Stone*）进行了报道。“可悲的是，这场诉讼将耗资数百万美元，完全是在浪费金钱。如果这些塑料企业将一小部分他们花在律师和说客身上的费用，用来实际地解决合法的环境问题，也许他们就不必依赖于对小企业的孤注一掷的攻击。”安迪说。他要求 3 家公司提供真正的塑料袋回收率证据，在一段长时间的沉默后，超级袋制作和高级聚合袋撤出了，只留下希勒克斯聚合公司。

希勒克斯聚合公司认识到了僵局，也许知道自己已经完成了目标的一部分，他们通过利用一个小的可以发声的公司花费大量时间和金钱来为自己辩护，并将其作为其他发声团体可能会发生什么情况的一个例子。但为了保守起见，奇科袋与希勒克斯聚合公司达成了和解协议。

在一条有趣的脱离塑料袋游说的口号“塑料袋不乱扔垃圾，是人在这样做”中，该公司公开承认，风吹垃圾是产品设计的问题，而不是消费者的行为问题。在和解协议中，双方同意提供任何关于塑料袋的公共声明作为参考。希勒克斯聚合公司接受适当告知公众塑料袋回收率的责任。奇科袋在其网站上增加了一条备注，建议人们去清洗脏的袋子［这是对关于未洗的布袋上发现大肠杆菌（*E. Coli*）的报告的回应］，同时希勒克斯聚合公司同意建议消费者把袋子打成结防止被吹跑。

如果你权衡支持和反对使用塑料袋的论点，考虑到所涉及的外部成本，很明显，塑料薄膜有严重的缺陷。尽管使用了有偏差的生命周期评价方法，也很少提到可重复使用的选择，塑料袋游说团仍然认为塑料的碳足迹比纸低。

那些生命周期评价也从未提到环境影响和社会影响。如果你客观地看真实的成本，你会发现不一样的故事。回收中心讨厌塑料袋，因为它们会缠结或损坏机器，浪费工人的时间。市政当局加班加点，把塑料袋从树上、栅栏上、雨水沟里和海滩上清理干净。所有这些成本都会落到纳税人身上。塑料袋造成了市容破坏，对旅游业产生了负面影响。当它们被吸入行船的发动机时，就变成了航海的风险因素。更重要的是，当生物吞食了塑料袋或塑料碎片时，无论是陆地上还是海洋中的生命都会遭受痛苦的代价。我们也别忘了关于塑料袋导致孩子窒息的警告，塑料袋造成的阻塞是导致婴儿窒息死亡的最常见原因之一，仅次于卡入床或床垫与墙壁之间的夹缝。[9] 大多数生命周期评价并没有捕捉到如此难以衡量的外部性。

我随后问安迪："你是否预见到会这样？你会料到他们会来找你吗？"他回答说："有一天，在洛杉矶参加了一个委员会会议后，我发现自己在和拯救塑料袋联盟辩论事实。经过几分钟的争吵，他们说'你不应该和我说话，因为我们下一步会来找你'。那是第一次清楚地暗示我可能成为目标。"

当社会公平和保护团体都聚集在塑料袋和泡沫塑料禁令周围时，工业界采用了一种熟悉的套路进行反击。工业界与人民意志做斗争的先例由来已久。这一策略直接来源于烟草、酸雨、滴滴涕和气候怀疑团体编写的"教科书"，如奥利斯克斯和康韦所著的《贩卖怀疑的商人》一书中所记载的一样。

当吸烟与肺癌联系在一起时，烟草公司为其他行业树立了一个先例，以跟随他们保护香烟销售的策略。这场斗争的 3 条前线是诉讼、政治和公众意见，这 3 条中提供的都是有选择性的科学信息。1954 年，烟草行业成立了烟草行业研究委员会（Tobacco Industry Research Committee），公开声明是为了内部自检和自我规范，但实际上是为了在其他组织、政治家和科学家们讨论吸烟威胁时进行"灭火"。烟草公司花费了数百万美元在他们自己的研究上，以辩驳已经建立的烟草和癌症的直接关联性。用一位烟草高管的名言来说："怀疑是我们的产品，因为它是与存在于公众头脑中的'事实主体'竞争的最佳手段。它也是引起争议的一种方式。"[10]

滴滴涕生产商遵循了类似的路线。当蕾切尔·卡森（Rachel Carson）于 1962 年出版《寂静的春天》（*Silent Spring*，在 3 本关于海洋的书之后）时，她也没有想到在不到一年的时间内她会坐在参议院下属的农药委员会面前，引起化工行业的恐慌，并引发了环境运动。[11] 滴滴涕首次合成于 1874 年，随后在 1939 年发现它能杀死害虫。在第二次世界大战期间，它被广泛用作美军士兵的“火药”，用来杀死虱子。随着战后的物资过剩和退役老兵变成了销售员，滴滴涕被作为杀虫剂对大众开放使用。

工业界迅速采取报复行动，试图摧毁卡森的信誉。像维尔斯科尔（Velsicol）这样的滴滴涕制造商威胁要对她的出版商和《纽约客》（*New Yorker*）提起诽谤诉讼，并致信指责卡森是苏联雇用来破坏美国商业的共产主义同情者，甚至叫她“和一群猫在一起的老姑娘”。[12] 卡森剥去了战后唯物主义的光环，指出把我们发明的化学物质释放到自然系统中会反过来伤害我们。她告诉参议院农药委员会的委员们：“我们轻率和破坏性的行为进入地球的巨大循环，并会适时反过来给我们自己带来危险。”

这些行业策略是共通的，适用于任何环境或社会公平问题。它们是简单的和经过时间考验的，随着进步性运动而造成破坏：

1. 拒绝。给科学贴上不确定的标签，或者在研究方法上寻找漏洞，要求“我们需要做更多的研究”。

2. 延迟。要做更多研究之后往往跟着一波自愿行动，这些行动可以被推迟、摒弃或处于无休止的谈判中。

3. 诋毁。妖魔化和公敌化科学家和非政府组织，挑战其行业地位以破坏公众对数据的信心。

4. 转移注意力。创建宣传其他选项的、误导性的或非真实信息的活动。通常此类活动由与行业交好的组织创建，起一个引人注目的名字，如“拯救塑料袋联盟”，往往采用一些取巧的口号，如“价值之大，不容丢弃”。

5. 扰乱。这包括发起轻率的诉讼和渗透政府监管机构。行业和政府机构之间的相互转行很常见，模糊了公共和私人之间的界限。

6. 怀疑。使用行业主导的研究和内部报告，这些研究和内部报告不经过同行评议，并且经常与已发表的科学研究相矛盾。它们经常在政策制定过程中被引用，会造成混乱和怀疑。

科学家、政策制定者、提倡者以及小企业的首席执行官都被认为是在攻击石化行业，无论这种认定是真的或只是想象，都要承受同样的攻击策略。用针对公众参与的策略性诉讼对安迪·凯勒提起诉讼，雇佣“贩卖怀疑的商人”散布错误信息和提起轻率的诉讼，塑料工业协会到爱德华·卡彭特——在 1972 年首位开始研究海洋塑料的科学家门前，这些都是一些常用的策略。但我们可以打败他们。

第 37 天：2008 年 7 月 7 日，距出发地 617 mile

信风！（纬度 23°54′，经度 122°00′）

筏突然随风西转，好像所有的东西在制陶工的转盘上旋转 90°。东向信风在赤道上下持续吹到 15~20 kn，形成北半球副热带气旋的底部和南半球气旋的顶部。在右舷船尾有风的情况下，我们锁上了舵，扬起了帆。

鲍里斯飓风（Hurricane Boris）从卡布圣卢卡斯肆虐而过，这是本季许多风暴中的第一个。我们花了一个月的时间终于越过了一条经线，一直向南，进入了危险的地区——不知怎的，我们以为现在就要完结了？我们不能待在原地。随着夏季的到来，这些水域变得温暖起来，每一次新的风暴都会变得更强，持续时间更长，传播更远。乔尔尽了最大的努力提高了这艘筏的航行效率。时间是宝贵的，不能浪费，但除了看着时间流逝，什么都做不了。我用卫星电话给安娜打电话问天气预报。尽管新来的福斯特飓风（Hurricane Fausto）正在撕裂我们一周前所在的海域，但鲍里斯飓风已减退成热带风暴。这也解释了我们正经历的大风，上周平均每天航行 35 mile。

又过了 24 小时。在吃完另一个生锈的谁都不知道是什么的罐头后，我们坐在那里，一天的大部分时间都没有什么事可做，也没有什么话可说。乔尔就喊着说："1999！" 6 月[①]8 日下午 4 点 20 分，在北纬 24°、西经 122°，我们经过了剩下的 2 000 mile 的基准线。这是我们旅程中的巨大里程碑，是我们的精神耐力的奇迹。为了庆祝，我们把剩下的少数几颗卷心菜芯切成像意大利面条的长条，再加半茶匙的青酱。它看起来像一小碗意大利面，当我们吃的时候，我们越是咕哝说"意大利面""通心粉""扁面条"，我们就越觉得它是意大利面。我们分了一罐蔬菜杂烩作为主菜。

"你得看看上面的序列号。"乔尔说。他描述了如何预测标签已经所剩无几的生锈罐头里是什么东西。我俩都在自嘲我们对"宴会"呈现细节的过度专注。在我们的头脑中有一种不由自主的错觉，是为了保持理智，是一种想象中的现实。

"你知道，我们总有一天会嘲笑这件事。"我说。

"我们刚刚保持在风暴前面。"乔尔回答说。福斯特飓风仍然在我们后面，但它比之前的飓风离我们更近些。它传播得很远，非常强劲，正直面我们而来。

在未来的几个月、几年里，总会有更多的风暴，总是一个接着一个。安娜和我选择了这种生活，当人类和地球受到剥削时，同那些与这种现状进行挑战的人交往。安迪·凯勒经受了一场几乎让他的公司破产的"风暴"。曾经在 2009 年西雅图塑料袋禁令全民公投中失利的社区组织者继续战斗并在 2012 年赢得了全市禁令。2014 年 9 月，加利福尼亚州州长杰里·布朗（Jerry Brown）签署了 SB 270，这是全州第一个塑料袋禁令。当即，塑料袋游说团采用了同样的解决策略，即雇用签名收集者在外收集签名，以挑战加利福尼亚州投票进行全民公决的法律。支持这项禁令的投票发生在 2016 年 11 月，当时 67 号提案获得了广泛的公众支持。

蕾切尔·卡森经受住了"暴风雨"对她的侵袭。她深知公众健康和环境团体是对抗行业影响的关键，于是她呼吁公众组成"公民旅"。为了扭转现有的有毒有害的状况，我们都需要保持积极的态度，随着时间的推移不断施加压力，并在"风暴"中继续战斗。

---

① 此处原文恐有误，应为"7 月"。——译者

第10章　海浪和风车：给生态实用主义者的案例

“我再说一遍。”堂吉诃德（Don Quixote）喊道，“我要说上1 000遍，说我是世界上最不幸的人，不曾看到这一切！”

桑丘·潘沙（Sancho Panza）把他从幻想中唤醒，说：“主人，悲伤是由人造成的，而不是由野兽造成的，但是如果人们让自己过度忍让，他们就会变成野兽。”

——米格尔·德·塞万提斯·萨维德拉（Miguel de Cervantes Saavedra）
《堂吉诃德》（*Don Quixote*），1615年

第39天：2008年7月9日，距出发地658 mile

风平浪静（纬度23°34′，经度122°39′）

大海现在是完全平静的，像玻璃一样平滑，表面油光。乔尔和我住在一个20 ft见方的“监狱”里，大概有拳击场那么大，桅杆上绑着塑料袋做成的编织绳。我们各自在筏的两个角落里做着自己的事情。我正在第二次读《堂吉诃德》。

乔尔是我的桑丘·潘沙[①]。我抱怨事情的可怕后果，而他是那个有计划的水手，保持我们按日程进行。当我在写日志时，他正在修补他那根松了胶带的弗兰肯帆。我决定潜到筏下面，再安装5个由旧渔网碎片和一些再充气后

① 桑丘·潘沙是塞万提斯所著小说中堂吉诃德的侍从。——译者

密封的瓶子做成的小浮筒。

“我想我们曾在信风里?”我问乔尔。他摇了摇头。和鲍里斯飓风一样，福斯特飓风也是风力不减，直到到达我们一周前所在的地方，然后在离我们不到 1 000 mile 的地方减弱成热带风暴。吉纳维芙飓风（Hurricane Genevieve）就在不远处。奇怪的是离汹涌的海洋如此之近，但又很平静。

“这筏再不能承受一次飓风的袭击了。”我说。乔尔点头同意。

“我们在这里做什么?”我想。我无法摆脱我们目前荒谬的处境。如果吉纳维芙飓风袭击了我们，我们会死的。我对这艘筏了如指掌，就像我对口袋里的汽车钥匙了如指掌一样。我知道它发出的每一个声音，各种材料之间如何相互作用以及它们是如何成形和撕裂的，我知道它的优点和缺点。我跳进水里，安装了新的浮筒，把看到的几个松了的网洞拉紧一些。这是一种很酷的分散注意力的方法，但我禁不住想，在我下面几英里及四周 1 000 mile 范围内除了开放的水域之外什么都没有。

我们是一片漂浮的“绿洲”，坐落在毫无特色的海洋之上，在毫无特色的天空之下。我们漂浮在蓝色的光谱中，从天顶的近乎白色到海底的蓝黑色，只有重力表述着太空、大气、水和深渊的次序。这种感官上的单调乏味足以使人产生幻觉。我向筏外望去，看到两条蜡笔大小的鱼游到了筏边，这就是今天的全部。我们一个月没见过鸟或虫子了。一张绿色薄膜盖住横过甲板的帆船桅杆。现在我们被冻住了、暂停了，好像为即将来临的暴风雨屏住呼吸一样。

到了下午，乔尔的弗兰肯帆带着一些新的胶带和缝合痕迹，懒洋洋地挂在桅杆上。而筏的右舷高出了 4 in，这让我们很满足，但我们知道我们遇到了麻烦。

“乔尔，我们必须从这儿出去。”我说，打破了几个小时的沉默。

“我知道。”他回答说，“看起来不是太好。”我们用洋葱汤和一大块神秘但保存完好的切达干酪结束了这一天。

第二天早上依旧一片寂静，没有风或浪，一动不动，完全寂静。在我的头脑中有许多记忆和情感同时涌现，经过了整整一天的时间。思念和情绪来了，就像麻雀停在树上。有些会停留一会儿。大多数时间我都在想安娜。我从背包的最底部翻出一些纸条，那是安娜写的纸条，让我在旅途中看的。“我爱我们的公园长椅野餐，葡萄酒、奶酪、法式面包、番茄，用我们的手指取餐，弄得乱七八糟。”另外一个写着“我喜欢我们在一起的日常生活，早上的咖啡，星期天在农贸市场，一起看电脑或放牧……在你船上有爆米花的电影之夜，但所有这些中，最好的是依偎在一起，感受你温暖而安全的怀抱。”我微笑着，让我的渴望慢慢消散。

关于“垃圾”号成败的内心对话同样浮现出来，担心我们的联盟会如何解释我们的消失，以及我们的敌人会如何欣赏我们的死亡。“我告诉你他们会失败。”他们会说，“他们不知道他们在做什么；他们只是感受分离和给大家增加了污染。”

我想了很多关于海湾战争的事情，或者想太多了。这已经是太久以前的事，到现在 17 年了，但它是我人生中的一个转折点。在我们的记忆中有一些强大的时刻是生生铭记的，就像在“9・11”事件袭击发生时知道你坐在哪里一样。我的心绪在这些记忆中徘徊，不忘记是很困难的。我意识到我的想法，就好像一个客观的观察者在说：“嗯，又会是一个比较熟悉的故事。”所有这些故事——垂死的伊拉克人，“死亡公路”上的所有尸体，以及石油火灾——太多这些故事。我可以清晰地回想起我看见的第一个牺牲的士兵，一个从爆炸的吉普车里弹出的年轻人，几乎被撕成两半，两臂伸开着躺在沙地上。在他死前的最后痛苦时刻，他还在沙地里动了动他的胳膊，做出翅膀的形状，像孩子们做雪天使那样。12 名海军陆战队士兵围聚在他身边，一言不发，就像我们看和我们相像的人一样。

虽然在时间上离我这么遥远，这些记忆还是回到了现在。我试着把注意力集中在当下，在精神上抵制成为“仓鼠轮子”、为了娱乐的需要不停地为旋转做好准备。

我曾经处于这种头脑顶空的状态，是在 20 世纪 90 年代中期，当它还新鲜的时候。我需要使我在战争中的经历有意义，知道可以自由超越生物决定论的命运，我不仅仅是一个木偶。海湾战争是一场资源战争，却同公众宣传那是慈善行为，是为了保卫科威特免受暴政。虽然后者是真的，但前者是主要的合理性所在（请记住，在 1994 年的卢旺达内战中，有 80 万民众在仅仅 4 个月内被杀害，而我们没有做任何事情）。我不能接受这种天大的骗局和背信弃义的行为，也不能接受我们枪口另一端有成千上万人遭受痛苦。

从伊拉克回到家后，我返回新奥尔良大学（University of New Orleans）继续完成地球科学本科学业，随后去了南加州大学（University of Southern California）研究生院攻读科学教育博士学位。学术学习是一种很好的分心方法，因此我参加了夏天的考察队，在怀俄明州东南部荒漠草原的牧场上搜寻化石和岩石。我避免像瘟疫一样的闲暇时光，不愿回想，不想太长时间地思考背叛的沉重。就是这样。为了廉价的石油和国家利益，我付出了一切，愿意杀戮和被杀。内心深处的悲观情绪占了上风，而乐观情绪低落。我的心情不断盘旋向下。

那是不久前的情况。现在我坐在一架漂浮在一堆塑料瓶上的空飞机中，阅读我电脑里保存的各种记录：给女朋友的老套说辞、我关于美学热爱自然的天性的论文的一部分、旅游日志以及在“9 · 11”事件后几年内写的一些东西。我曾经加入退伍军人促进和平与马上行动停止战争和种族主义联盟[Veterans for Peace and the ANSWER Coalition（Act Now to Stop War and End Racism）]，组织街头请愿抵制即将来临的伊拉克战争。2003 年 3 月 15 日，我们和 8 万多民众行进在洛杉矶街头，同时和世界范围内 60 个国家超过 600 万人协调联动。社会媒体推动一场运动的新力量是显而易见的，但美国政府继续捍卫大规模杀伤性武器的存在合理性，并对任何影射与化石燃料有关系的批评表示不满。

随后在 2006 年 10 月 5 日，我听了美国国家公共电台（NPR）对前国务卿詹姆斯 · 贝克三世（James Baker Ⅲ）的采访，他是科威特战争的策划师，是新保守主义智库“为了新美国世纪项目”（Project for a New American Century）的成员，也是乔治 · W. 布什（George W. Bush）最近入侵伊拉克的顾问。当他说“我们制定了一项书面政策，即我们将发动战争，以保卫安全获取波斯湾的能源储备”，我把车停在路边。我从座位上跳了下来，十分生气和不解，被他随意的态度弄糊涂了，好像一个战犯一边喝茶一边描述暴行。他还在继续：

“当你为美国制定和实施外交政策时，你必须着眼于原则和价值观，是的，但你也必须着眼于国家利益，而且我们一直在维护波斯湾能源储备的安全获取方面有着强烈的国家利益！”

战争策划师说这是为了石油的原因，年轻的美国人和伊拉克人是可以牺牲的。我认识的海军陆战队士兵没有人会愿意为了获取石油去杀戮或被杀。我们有更高的道德标准。

一桶石油的大约8%被用来做塑料。在北太平洋中部即洛杉矶和夏威夷之间的某个地方，我再一次因为此事而感到懊恼。“要有目的性。”我想，“贡献一些有意义的事情。”我想要世界放弃为获取能源和化学物质而开采化石燃料，同时免除给人类和生物圈所带来的苦难。我可以离开，但我选择参与，这是我们所有人在帷幕落下时和面临着不断蔓延的灾难时必须做出的关键决定。

第41天：2008年7月11日，距出发地694 mile

第一条鲯鳅（纬度23°06′，经度123°08′）

我们仍旧保持冷静。我们还要航行6个星期，食物库存清单告诉我们必须要捕鱼了。我们一直在小心地看护着最后一棵核桃大小的卷心菜芯。我拍了照片。

“我们为什么不打电话给唐呢？”乔尔问。唐·麦克法兰于1958年在这片水域用“利哈伊Ⅳ”号漂流了69天。我们通过卫星电话打给唐，他正和妻子在家里吃午饭，我让他详细描述一下他们的午餐，我们流着口水。

“你们看到任何鱼吗？”唐问。

“一条都没有。”我回答。

“那很奇怪，我们当时几乎每天有鱼。”

我把电话给了乔尔。“藤壶呢?”唐问，他指的是那些能附着在任何漂浮物上的鹅颈藤壶。“你们可以把这些藤壶拉掉，然后挤出其中的汁液。”

想起几个月前在查利的考察队时我们吃过的藤壶米饭，我和乔尔摇了摇头。“不，唐，还没有吃藤壶。”乔尔回答说。唐大笑，他喜欢重温他的冒险经历。

“嘿，乔尔，我们的小卷心菜怎么样了?”1 小时后我问乔尔。

“哦，我们今天就把剩下的吃掉。”他回答，然后把卷心菜芯切成薄片，涂上剩下的青酱。我们的 6 周食物计划恰好在第 6 周用完。接下来还有 6 个星期，纪律比饥饿更容易管理。我拿着碗坐进驾驶舱。

“鲯鳅，鲯鳅!”乔尔大喊。我们放下碗。乔尔在甲板周围悄悄跟进鱼，一手拿着诱饵，另一只手拿着鱼叉。鲯鳅是一种好奇心强的鱼，会追逐任何从水面弹跳过的东西。在筏边上扔了 1 小时的鱼饵后，乔尔惊呼：“你一定要看看这个!”这条鱼几乎静止在右舷下，只藏起头。好像它在想“如果我看不见他们，他们也不能看见我”。但在当时的情况下，它的半条身子都暴露在外，只有不到 2 ft 的身子在水面以下。我只看到带鳍的鱼排。

乔尔慢慢竖起鱼叉，瞄准鱼的正下方，以矫正光线折射后鱼的位置。“嗖”的一声，鱼叉穿透鱼的身体，鱼在水面上挣扎着扭动身体，在不远处泛起阵阵涟漪。

“我们得把它拿进来。”他喊道，然后猛拉它到浮筒上。他抓着穿过鱼身的叉子的两端，用两只手把它拿下来。我跑回去拿我的临时长叉结束了这场严峻的考验，这把长叉是用从甲板上 1 根桅杆上拔下的铝片制成的。在乔尔的手中，美丽的蓝色和金色很快就变成了灰色。

当我清洗鱼的时候，厨师乔尔用两大汤匙油炒了一片大蒜。我花了半小时把鱼完全处理好，先把鱼皮和鱼肉剥离，再把鱼肉和鱼骨剥离，然后我从一侧切了 15 片肉做成鱼干。锅里满是新鲜的鱼肉，鱼骨挂在筏的桅杆上晾干，以备日后食用。

我给安娜发了信息，她回复说："终于解决了。我整日都在担心这个，我甚至在研究飞机空投。"如果这样保持下去，我们就能得到继续航行中的食物保障，但是对天气的担忧正悄悄逼近我们。

我已经成为生态实用主义者。不是那种相信技术会拯救我们的人，而是那种认识到我们必须担当重要管理角色的人，去保护使我们生活舒适的生物多样性、生态系统服务和地球系统。20世纪早期时自然作为有待征服的野生边界的概念是一种传奇，就像我在纽约探险家俱乐部（Explorers Club in New York City）演讲时站在犀牛头下，当工业革命证明人类可以征服野生的、无限的大自然时，西奥多·罗斯福（Theodore Roosevelt）射杀了这种动物。但是我们用我们发明的化学物质接触了地球的每一个角落，这些化学物质漂浮和飞行过5个亚热带流涡后还一直存在。一个世纪前的野生空间就是今天的"废弃物空间"。

我的生态实用主义之路始于海湾战争后的学术追求。我研究了自然历史和环境心理学，特别专注于"热爱自然的天性"（biophilia），E. O. 威尔逊和斯蒂芬·克勒特（Stephen Kellert）创造了这个术语来定义人类与生命和类似生命过程的密切关系。简单地说：我需要知道我以及所有的文明是否有能力走出原始的动机，规划可持续的未来。这是对希望的研究，是在发现目标的绝望之下进行的。我拼命地想证明，我们可以选择我们的命运，无论是个人的还是集体的，我们的未来不是由我们消费和扩张的生物驱动力预先决定的。

我没有找到我一直寻找的答案。但实际上，我对自然于我意味着什么有了更加深入的理解。在筏上，我在很多方面体验了热爱自然的天性，包括实用的、实际的捕鱼需求以维持生命，但只是出现在出于个人好奇心解剖鱼之后。大海也成为象征性的隐喻，给故事注入了慰藉。当风暴来临或日落霞光时，一种自然的崇敬或崇拜就油然而生。在一张破帆上，我画了一幅鲯鳅的草图，很像新石器时代的洞穴画家记录下了他的狩猎情形。我与大自然的关系是复杂的，深入我原始的大脑皮层，这就解释了为什么我如此热爱大自然，以及为什么当我不久前在海洋中部或科威特的沙漠中目睹生态破坏时，我深受影响。

在那场战争中，我既是海军陆战队士兵，也是博物学家，收集蝎子和太阳蜘蛛，把树叶压在书中，捕捉带刺的蜥蜴。我曾经在地面战争开始前，用 M16 步枪的枪托从沙特阿拉伯的一个采石场里取出蛤蜊和蜗牛化石。只要可以，我都会走很长的路，独自感受阳光和温暖的风。当我看到燃烧着的油井向天空喷射出百英尺高的火焰，并用烟和石油覆盖了数英里地面，使中午的天空变得一片漆黑，使黑色的河流从我的面前流过时，我陷入了深深的、长期的绝望之中。我热爱自然的天性被背叛了，我相信人类是在自我毁灭。我无法控制未来，这是我悲伤的核心所在。我已经失去了所有的希望。

环境运动就像任何社会公平运动一样，只有当人们感到有希望、有成效时，才能发展。正如我们目睹美国在伊拉克的战争那样，当第一枚炸弹在巴格达（Baghdad）投下，在 2003 年 3 月 20 日这一天开战时，反战运动就开始蒸发消失，因为许多人都失去希望。那些坚持下来的人认识到持久之力假以时日可以推倒城墙，就像半个世纪前越南战争和民权运动期间那样。环境保护主义也是同样的工作方式，它推动了企业的责任感，把铅从油漆中除去，或者从制冷剂中除去氟利昂，或者在汽车中系上安全带。相信我们的努力会带来积极的结果，这将是每个人愿意加入运动并致力于长期运动的信念。

作为一个生态实用主义者，我认识到我们已经失去的以及我们仍将失去的。我们要面对现实，就当前情况开始工作，我们已经给出生在 21 世纪的这代人带来了一场集中风暴。栖息地和物种每天都在消失，这已成为一个很常规化的事实，几乎不再是什么新闻了。世界人口将在本世纪中叶达到密度峰值，那时可能没有足够的可耕地和清洁的水来满足我们超过 100 亿人或 110 亿人的需求。不断增加的持久性化学物质在我们的海洋和空气中旋绕，或将在同一时间的某个地方与不断减少的有限资源相遇。我们正进入一个人类历史上前所未有的时代，没有其他的土地或海洋可以被征服以满足我们无限增长的欲望。

尽管这是一场即将到来的灾难，但我相信我能做得更好。如果天然的自然界不存在了，我们就创造一个出来。在《喧嚣的花园》（*Rambunctious Garden*）里，埃玛·马里斯（Emma Marris）描述要“前瞻的和乐观的”，并解释了生态实用主义者“如何创造越来越多的自然，而不是在我们所剩余的自然周围筑墙。”[2] 我们通过设立森林和海洋保护区来实现。我们必须建立野生空间，防止进一步的开采、开发和掠夺。把碳留在土里！2016 年，奥巴马总统将帕帕哈瑙莫夸基亚国家海洋保护区的规模扩大至 4 倍，从 139 797 $mile^2$ 扩大至 582 575 $mile^2$，使之成为地球上最大的单个海洋保护区；机构如由昂里克·萨拉（Enric Sala）博士领导的“原生海洋”（Pristine Seas），作为促进者已经保护了超过 450 万 km^2 的海洋。我们需要更多的空间——并非那种精心护理的，而是野生的——我们故意放弃这些空间以满足我们对大自然的需要。我们已演变为严重依赖其他生命，对其富有亲密关系和生态需求，因此我们必须在自我保护的背景下理解和保护野生空间。

在即将来临的风暴中，我们只有一次机会。

第 44 天：2008 年 7 月 14 日，距出发地 719 mile

吉纳维芙飓风（纬度 23°06′，经度 123°08′）

“你们必须待在冷海里！”查利在卫星电话上说。我们因为天气变化而打电话给他，对仍然无法航行、每天不挂帆仅仅漂流 10 mile 的情况感到很沮丧。航行仪表板上显示我们移动的速度是 8 kn，就像在迪士尼乐园乘坐的茶杯漂游游戏一样，但是已经 5 天了。

“嗨，乔尔！”我隔着海大喊。他在他的照相机和捕鱼枪周围游泳。他追逐着一对在我们周围游来游去的有 4~5 只脚的小动物。他在水里和在陆地上一样舒服。一阵风吹过甲板，引起海面上第一道涟漪。

“看起来我们这里有风了！”我再次大喊。不知从何处吹来一阵轻风，后桅帆动起来了。

“我猜我应该回来了。”乔尔回答道。我们升起三角帆，向西航行。1 小时内我们降下三角帆并升起主帆。在船舱里，我把挂在我们头上、散发着特有味道的鲯鳅鱼干往里挪了挪。

“我们现在大约在 20 kn 的速度。”我对乔尔说。

“是的，我们现在正在信风里。”乔尔答道。海浪拍打着我们的左舷。我们在 23° 纬线上航行，这里的水很舒服，在 65°F 左右。再往南一点，在纬度为 20° 的地方，气温已上升到 80°F，是飓风的“完美洗澡水”。我们真的在与到夏威夷的飓风赛跑。

吉纳维芙飓风现在在我们的东南方向，给我们吹来稳定的风。在接下来的 48 小时内，我们航行了 90 mile，迅速弥补了损失的时间。离夏威夷还有 1 850 mile，还需要跨越 30° 的经度。如果我们可以维持一周航行 300 mile 的速度，我们会在 8 月底到达那里。客观地来看，这相当于从洛杉矶到新奥尔良以 2 mile/h 的速度，日夜不停持续 6 周的车程。

3 天之后，也就是 7 月 17 日这一天，形成了滔天巨浪。海浪滚滚而来，有 6~8 ft 高，随着阵阵白色浪花拍打在甲板上。可以根据浪峰到达我们的时间和距离识别出哪些会有破坏力。一个大的浪峰正好在右舷一侧落在我的膝盖上，把我击倒在甲板上。筏的各个部位发出各种声音，系在牛奶箱里的水桶漂浮着。烹饪箱是一个铝制的军用板条箱，里面放着我们的炉子、锅碗瓢盆，撞到了甲板上。

我在值班，而乔尔在里面试图阅读《堂吉诃德》的最后几页，头上系着鱼干的晾衣绳在不停摆动。我在思考查利的话：“待在冷海里！”我们正在把我们的“垃圾”号尽可能地靠近风，向北挺进。30 kn 的劲风和雨扑面而来，我能感觉到压力，因为方帆想把筏从水里提出来，而水下杂乱的瓶子却把筏锚定在海里。

一记重击！帆逆风而行，金属的帆桁端猛地撞上桅杆。筏猛烈地旋转着。这发生在我分心的一瞬间。绑在主帆底部的松散的条状绳像鞭子一样开裂。乔尔从驾驶舱里跳了出来，跨过甲板，把帆桁端从“A”形桅杆之间推出来。

“我们在打转！”我在呼啸的海风中喊道。

“我们得先把一边放掉！”他喊道。筏不动了，因为帆正在向后运动。我们爬上桅杆放下主帆。我们都在海藻覆盖的光滑的桅杆上保持平衡，每一波海浪都会使桅杆剧烈摇晃。如果我们中的任何一个人掉下去，我们就死定了。我们都在把帆拉下来，抓住它，把它放在甲板上。

风速加剧到 40 kn。当上千加仑的海浪拍到并穿过甲板时，我们把帆保持得很低。晚上 9 点，乔尔接班掌舵，他只靠方向舵和他对海浪从何而来的本能感觉，尽可能地掌控筏。我坐在船舱里避雨，准备着随时跳出来。乔尔和我，还有我们的小筏，忍受着漫长的不眠之夜。没什么可做的，只能坚持并等待下一波海浪向我们袭来。

第 11 章　不断浪费着：海洋清理的命运、误区和幻想

你不去过滤烟囱或水里的东西。相反，你把过滤器放在你的脑袋里，设计出一个不存在的问题。

——威廉·麦克唐纳（William McDonough）
《从摇篮到摇篮》（*Cradle to Cradle*），2002 年

第 48 天：2008 年 7 月 18 日，距出发地 895 mile

熵（entropy）（纬度 23°08′，经度 126°29′）

蓝天下，风速基本平稳在 15~20 kn。炉子被毁坏了。我们用比萨来庆祝。

我们剩余的生锈罐头里有一盒是番茄酱。我们在平底锅的底部铺上小麦饼干，然后在上面涂上番茄酱。我加了几片变质的萨拉米香肠，有几块上面长毛了，像一只肥大的短毛仓鼠。我记得在第一周的救援 / 补给过程中，杜安·劳尔森说“拿上吧”，随即将萨拉米香肠扔给我们。乔尔从干奶酪块上面刮了薄薄一层下来。在装着各种杂物工具的袋子里有一个吹管嘴。它恰好与丙烷阀口完全吻合，所以我们从上面烧化奶酪，称之为“‘垃圾’号比萨”。

刚过去的 24 小时里，我们打破了一个新纪录，全天航行了 50.2 mile。在随后的一周，我们将平均每天航行 49.8 mile，这 5 天里的航行距离比之前 5 周的还要长。当我们离夏威夷还有 1 500 mile 的时候，我们打开了最后一盒通心粉和奶酪。

对航海者下的咒语是真的——“船有目的地，但没有时间表”——信风把我们带向西部。很难描述心里的变化，现在我们正从风暴中出来。但却会

有一个新的敌人：熵。

日常的早晨从检查筏开始。所有船只都需要维修，特别是在航行中，因为航行的应力会使所有东西移动、摩擦、碾磨和刮擦。我发现铝合金机身与铝桅杆接触的地方形成了深槽。如果一根绳子碰到另一根绳子，纤维就会磨损。筏背面的两个钢支柱也磨损了。网上有几十个洞，只要有足够松的地方，就可以摩擦任何接触到的东西。螺母正在与螺栓分离，甚至在我们不知道的情况下，机身固定在甲板上的绳索在一侧也裂开了。熵是事物的本质。“上帝并非故意使坏，只是委婉难解而已。”爱因斯坦（Einstein）在1921年第一次访问普林斯顿（Princeton）时说过。[1] 大海因会将船只撕裂而臭名昭著，从迅速氧化金属的电解过程到使裂隙慢慢张开成大的裂口。这种移动是缓慢的，看似无害，但随着时间的变化是不可避免的。检查的目的是要预知并在腐坏之前维护。

我爬到桅杆顶部去抖落几根搭在雷达上的电线，发现桅杆顶端有裂缝。我爬回去把裂缝周围的固定软管夹紧。第二天早上，我发现它们还是裂开了。上面的移动量太大。什么也没有，所以我们只有看着这些裂缝不断变长并希望我们能按时到达。当我再次去检查的时候，我看了看主帆，惊恐地注意到，支撑高帆桁端的粗大不锈钢有眼螺栓已经完全打开，几乎是裸撑着帆。

“乔尔，我们还有更多链锁吗？”我问道。他打开装着生锈零件的桶，把零件摊放在飞机里。他正在调整后支柱以避开生锈的地方。

“没有，我们用完了。下去从其他东西上找一找。”我找来一根铁链将主帆支撑在两个前支柱顶部之间。乔尔找到一些螺母和螺栓来替换后支柱上部分丢失的零件，然后他转动转向扣把整个主帆固定。

“我们现在已经用上了出发时所带的一切。”乔尔说，“什么也没有被丢掉。”这样开始了我们的一段对话，更应该是一段思想实验，即如果这些东西被丢掉，如何实现“垃圾”号的材料科学。

受艾伦·韦斯曼（Alan Weisman）的《没有我们的世界》（*The World*

Without Us）中对城市正在瓦解的描述的启发，我想知道如果这艘“垃圾”号筏被遗弃在海上，它会怎么样。它的命运会是什么？在随后的几周里，这艘筏可能会随信风朝向日本方向漂移，然后随着黑潮（Kuroshio Current）转向北方，然后穿过夏威夷上方的太平洋，再回到加利福尼亚洋流，但我怀疑它能否完整地度过 6~10 年的往返旅程。铝制的“A”形桅杆和帆框架会在各个方向上毫无目的地摆动，随着前支柱和后支柱的撕扯破碎成片。由于金属之间的相对移动速度很快，用栓固定在 4 个角上的、由 0.375 in 镀锌电缆制成的前支柱会磨损变薄并断裂。然后桅杆就会一直撞击甲板。如果它掉下来，就会沉入海底并慢慢氧化，就像“泰坦尼克”号（Titanic）上的金属外壳一样。

太阳能电池板和风力发电机可能还在工作，通过钢和铝输送小股电流。当不同金属接触到一起时会快速氧化，即“电解”。由 1 根钢架支起的 3 个大太阳能电池板将很快掉落到甲板上并从船边滑下去。掉进海里深处时，夹在玻璃层和塑料层之间的光伏电池将沉入海底的硅质软泥中，在那里被寒冷、黑暗埋葬，直到数百万年后被拉入地壳之下。分别由单个金属钉固定的 2 个聚酯树脂舵的玻璃纤维外壳将逐块悄悄掉落，然后在海底深处石化。

如果机身还没有脱落，它的最后一根船舱带子会因摩擦而脱落，然后整个机身从甲板上向后滑出，或者在甲板上有足够的摇摆力的情况下，机身会被桅杆穿透，卡在它们之间并被毁坏。400 lb 重的电池会掉落到机身后部，像尾巴一样盘旋向下，我们的衣服、睡袋和其他电子设备也会这样。“垃圾”号筏上保存良好的电子设备（例如线圈、塑料壳以及玻璃屏）将按照各自的路径散落在海底泥床上。

随着机身、电池和太阳能电池板掉落，整个筏会升高 18 in 浮出水面。没有被螺栓固定在任何东西上的铝制桅杆会在浮筒上反复接触的地方磨损出洞。浮筒因为分开得不均匀，它们开始垂直悬挂在桅杆上，然后一个个像飞镖一样飞落海底。

露在水上的浮筒网由于紫外线照射和热负荷的影响，降解速率更快，导致其很快被撕裂。一旦 1 个瓶子浮出，浮筒就会变得不平衡，其他瓶子会接着浮出来。这些瓶子几乎为 100% 的聚对苯二甲酸乙二酯和聚碳酸酯，只要充气就会浮起来，但是当聚乙烯和聚丙烯瓶盖降解时就会下沉。

缠在一起的网、绳子和帆会形成一个巨大的网球，或者说是“幽灵渔网”，形成一个海岛式生命共同体，缠绕着成千上万的不幸的鱼、鸟、海洋哺乳动物和海龟，直到它们死去和腐烂。慢慢地，这些网片会碎裂成微纤维。剩下的瓶盖可能被海鸟吞下。其他瓶盖连同桶和板条箱，会形成微塑料碎片。红色的、黄色的和橙色的碎片与食物的大小和颜色相仿，会先被吃掉，然后在即将死去的鱼的胃里沉到海底。大部分的微塑料和微纤维最终会变成纳米塑料，它们或者会随着在其上面结成的厚重生物膜和结壳苔藓动物，因重力下沉入海底，或者被冲至某些地方的沙滩上。其他的碎片中，一些会随着全球各地的水平洋流进入其他的流涡，包括亚极地流涡和绕极流涡。但是大部分漂浮在水面上的塑料会通过被动或有意吞食它们的鱼和滤食性动物的身体进行循环，随着动物尸体或重的动物粪便颗粒沉入海底。

我在筏上的项目之一就是做了一个水平拖网，可以用来捞取海洋表面的塑料颗粒。我们有一个备用的小海锚，它看起来更像一根大胡萝卜。我用两个金属桶柄做了一个长方形的框架，把网的边缝在上面。把几个 2 L 的塑料瓶绑在拖网的各边上，使其漂浮起来，并在拖网时保持网孔垂直。系上拖绳，我把拖网扔进海里。它干得很漂亮，24 小时后我找到一大把微塑料碎片。蓝色的、白色的和黑色的微塑料碎片在一堆浮游动物中旋转，还有一些水上行走的昆虫丝海黾（*Halobates sericeus*）和帆水母（*Velella velella*），帆水母也被称为“风帆水手”，因为其薄而透明的“帆”直接伸出水面。没有红色的、黄色的、橙色的以及一些塑料薄膜或泡沫的碎片。大家一致认为是阳光和选择性吞食消除了这些颜色的微塑料碎片。同时，阳光引起的脆化作用，以及鱼类和其他海洋生物的化学及生物降解和摄入，将易碎的塑料减小为更难检测的更小颗粒。留存下来的是这些坚硬的碎片。它们最初是什么不得而知。

我们每天用拖网采样，每个样品中都有塑料。如果我们能够继续向西航行 4 000 mile 去日本，我们应该会看到同样的情况。如果我们向南去南极，或向北去白令海峡（Bering Sea），这种情况也不会停止。或许情况有所减缓，但微塑料和纳米塑料还是会有。塑料浓度更高的情况发生在热点的海岸附近，例如孟加拉湾（Bay of Bengal）、地中海等。当我告诉人们这些情况时，我通常会听到："那么，我们怎样清理这些塑料呢？"

尽管目前的科学倾向于其他方法，但关于神秘的塑料岛和垃圾带的概念已经引发了许多精心设计的清理方案。今天，大多数科学家和政策制定者都在讨论上游解决方案，例如权衡零废弃策略和焚烧之间的收益。对海洋清理通常不予讨论。但在 21 世纪初，工业界、公众和政策制定者向科学家索要垃圾带的照片，许多媒体制作了塑料漂浮在水中的照片，这些照片通常来自近岸环境。这些照片使得清理假象弥久不衰，激发了无畏的企业家们——"流涡清理者"——他们想在亚热带流涡中测试他们的发明。

许多方案都集中在从塑料到石油的热裂解机器上，这些机器可以在行驶过程中收集塑料，将塑料作为设备的燃料，或者在海洋中播撒以聚对苯二甲酸乙二酯、聚乙烯和聚丙烯为生的遗传修饰生物（GMO）细菌（它们也可以吃船只、码头、渔网和浮标）。最有趣的想法来自荷兰人，他们用奇妙的技术方法管理海平面以下的生活，用水坝、码头和疏浚控制海洋。2010 年，安娜和我在"阿姆斯特丹市"号（Stad Amsterdam）上认识了宇航员、工程师维博·约翰内斯·奥凯尔斯（Wubbo Johannes Ockels），当时我们正在研究印度洋流涡中的塑料。他描述了他发明的一个巨大的人造塑料垃圾岛，形状像一个小针轮，大小相当于几个足球场。在降落伞的帮助下，该岛将不停旋转并在沿途收集更多的塑料垃圾，不断增加更多的不动产以扩大荷兰的领土。

我的反应总是一样的："解决上游的问题。"过了一段时间，所有的清理塑料的想法中除了一个外几乎都已经热情不再。博扬·斯莱特（Boyan Slat）是一个荷兰工程系学生，创建了海洋清理项目（Ocean Cleanup Project，OCP）。他最初的概念是一个 60 km 宽的网络阵列，基本上是一对长的充气栅栏，像翅膀一样，将大块塑料汇集到单一传送带，再掉落进一个容器中。

凭借斯莱特年轻和理想主义的优势，以及对用"灵丹妙药"、技术解决的承诺，海洋清理项目在第一年就筹集到了 100 多万美元的资金。我和他于

2013年在阿姆斯特丹（Amsterdam）相遇。晚餐后，我们一起在街上散步、讨论工程项目，包括关于垂直网设计的合作，以研究开阔海域海洋表面到5 m深处的微塑料分布。我们于2014年年初在洛杉矶再次相见。那时他的融资已经加倍了。同时，已发表的关于塑料污染的科学文章也成倍增加，澄清了曾误导许多人的假象。有解决问题思想的人们开始转向上游，因为下游太迟了。

一旦塑料进入流涡，许多对海洋生物的伤害已通过吞食和缠绕发生了。据估计，全球每年有800万ton的塑料制品离开海岸线，[2]25万ton[3]的塑料制品将在海上漂流，塑料制品大多数不会进入流涡，除非它的设计是为了持久，如渔具。在海洋表面的微塑料比我们预期的要少1/100，这支持了我们了解的事实，即海洋表面不是垃圾的最终归属地。[4]余留的“流涡清理者”通常低估了塑料被撕裂的速度，从大块塑料变为直径小于5 mm的微塑料，特别是在典型产品包装中使用的薄膜和泡沫。在远离海岸的地方，我们很少发现塑料袋碎片，而当我们发现时，也到处都是鱼咬过的痕迹。泡沫塑料杯和盘几乎不存在于流涡中，除非是从最近的过往船只上掉落下来的。大多数塑料包装根本无法在去往流涡的漫长旅途中被完整地保存下来，因此，如果你真正致力于清理海洋流涡，洋流运动科学表明，最有效的地方是非常靠近海岸或河口的地方。[5]若关注海洋流涡清理，你就错失良机。

就在我们和来自海洋保育协会的尼克·马洛斯（Nick Mallos）一起参加一个网络会议的几个月前，斯莱特在2014年春季末完成了海洋清理项目的可行性报告。该项目以连接到海底的巨型系绳为特别之处，邀请了海洋学家、工程师和海洋科学家进行重要评审。[6]海洋腐蚀和降解人类制造的东西，海洋中的各种栖息生物爬过或附着其上，并且吃它们能吃的东西。海洋对我们的东西不友好。

2014年6月25日，我们召开了网络会议。[7]我主要关心的是副捕获物：数千万个被动漂浮的生物体，比如漂亮的紫螺、漂浮的藤壶和无数的水母（包括“风帆水手”）——这些可以在短时间内被捕获。海洋清理项目很意外地没有意识到这些物种。在最后几分钟，我问了一个经济问题，关于候选方案的成本收益问题。“从目前你们筹集到的200万美元里，你们是否会考虑资助一个小项目，鼓励回收大的东西，如捕捞垃圾，看看渔民是否能比你们更有效、更便宜地在海上收集更多的垃圾？”[8] 我敢肯定，如果给夏威夷渔民每千克 1 欧元，他们会很乐意收集被遗弃的渔具，这仅是海洋清理项目预计的每千克 4.5 欧元成本效益的一小部分。值得一试。

在我们估计的 27 万 ton 漂浮垃圾中，渔具占了 70% 以上，所以海洋清理项目有必要在大量缠结的网和线绞死更多的海洋生物和损坏更多的船只，以及进一步分解成微塑料之前，对其进行打捞回收。[9] 我们所知道的是，类似的回收计划在北海（North Sea）和苏格兰其他地方已经被证明是成功的，而且即使在没有资金激励的情况下也在进行。[10] 在德国召开的 2015 年 G7 峰会上，海洋塑料污染解决方案被提上了议程，捕捞垃圾被列为唯一可行的海洋清理计划；它被称为“所有层级中最后一个有用的选择，但只能处理某些类型的海洋垃圾”。[11]

为了能有一个长期的解决方案，捕鱼船队必须通过网络标记或租赁计划等努力承担责任（网、浮标和绳索将被借用和归还，或者如果丢失，将需要赔偿）。一些商业船队目前正在实施渔网租赁计划。[12] 还有一家名为布雷奥滑板（Bureo Skateboards）的公司向渔民提供出售或捐赠旧尼龙网的合同，这些尼龙网可以被回收利用，制成滑板和太阳镜。

但是现在那些已经在海上的所有东西怎么办？目前的科学表明，搁浅在你附近的海岸线上或掩埋在海底是游戏的终结。世界各地的海岸线上都有微塑料沉积的记录，在深海中也有沉积。[13] 就像《国际防止船舶造成污染公约》（MARPOL）阻止油轮在海上清洗船只之前海洋深受焦油球的困扰，停止源头污染，海洋将垃圾“踢”出去。我们将不得不在一个特别的地层上生活，即一个微塑料和纳米塑料覆盖的地质层，但如果我们不再有更多的伤害，海洋可以恢复。

在网络会议后一周，我收到了海洋清理项目关于我对尝试在太平洋进行垃圾打捞测试项目的问题的答复。他们说“不”。

世界需要更多像博扬 · 斯莱特这样的人，以他决断的、自信的、以解决方案为导向的集中力去解决问题。在我看来，他就像大多数“流涡清理者”

一样，把自己的心放在正确的位置上，但和其他人一样，他也是对海洋中塑料本质误解的受害者。他对忠实的追随者和期望结果的资助者负有责任并心怀感激，且因推动清理工作而受到业界的赞誉。但我相信他有足够的条件更务实并改变方向，因为现在的情况决定了新的方向，而不是像传说中的伊卡洛斯（Icarus）那样，被很多人盯着去追逐一个想法，直到他从天上掉下来。

第 55 天：2008 年 7 月 25 日，距出发地 1 223 mile

熵（纬度 22°37′，经度 132°16′）

在一星期平稳航行了又一个 300 mile 后，我们再度平静下来。帆静静地垂着，像一块超大桌布的边缘懒洋洋地伸到地板上。飓风正在形成，但在我们后面的南方。我走出去，在我们的筏下找鲯鳅。

乔尔拿着鱼叉已经准备好了。到了中午，我要把 1 in 宽的鱼肉切片，放在阳光下烤，做成鱼干。似乎 24 小时的阳光照射可以达到最佳的平衡，即外面有嚼劲和里面软嫩。我拿来了盐、胡椒、枫糖浆，还有一些剩下的卡真香料，可以做一系列口味的鱼干。我在甲板上来回走动，例行检查瓶子和渔网。我检查绳索上的磨损情况、支柱上露出的电线，并测试系绳和焊接部位的完整性。

我发现了更多的洞和磨损的金属，裂缝越来越宽。一切都支离破碎了。如果不是今年夏天我逼着他们，我周围的每个人到时都会离开。一路上每个人都在受苦，身体一直受煎熬直到屈服，情感上也一直在受煎熬，因为我们在用僵化的幻想折磨自己。我提醒自己，要接受我们这个世界上的事物是如何崩溃瓦解的。

第 12 章　合成漂移：人体健康和我们的垃圾

或许有比灭绝更坏的命运。

——西奥·科尔伯恩（Theo Colborn）、黛安娜·杜迈洛斯基（Dianne Dumanoski）和约翰·彼得森·迈尔斯（John Peterson Myers）

《我们被偷走的未来》（*Our Stolen Future*），1996 年

第 64 天：2008 年 8 月 3 日，距出发地 1 605 mile

航行在流涡上（纬度 23°38′，经度 138°58′）

我们正顺着流涡的边缘航行，在赤道信风把塑料从北美吹到日本的“快车道”上，正好与在这里北面的、把 2011 年日本海啸的碎片带往另一方向的洋流相反。上周我们已经朝着正确的方向行驶了 382 mile，但我们的食物供应严重不足。

临时拖网继续收集降解的微塑料，就像我们一样，这些微塑料也正缓慢沿着这些南方流涡旋转，通过海洋生物不断地吞食、反流或排泄，它们会不断地破碎，有时会成为重的生物体的寄主而沉入海底。当那些“搭便车”的生物的碳酸钙骨骼溶解后，那些微塑料随后就会浮出海面，但最终它们都会沉积在海底或被冲上岸，很可能从距离和时间上离它们开始时都很远。如果我们错过夏威夷，我们也会遭受同样的命运。

我一整天都可以看到一些垃圾：一个直径 1 in 的塑料垫圈，一条短绳，一团像我拳头一样大的、缠绕在一起的绿色钓鱼线和磨损绳子。乔尔看到一

块餐盘那么大的蓝色板条箱。当我们经过时，他绕着筏边跳来跳去，试图抓住它，在最后一秒抓住了它。“哈！这里有一条毛虫。”他指着这条 3 in 长、多刺并正舒服地住在一些藤壶和鱼卵中间的小动物说。

我在凌晨 1 点把乔尔从夜班中换下来。风和海浪在我们身后。每一次海浪撞击浮筒时，都会发出一种生物发光的带绿色的光芒。大量的节肢动物、水母、樽海鞘（salp）和蛇鼻鱼尾随着浮游动物向海面的垂直迁移，它们的胃上有发光器，它们在夜间向同类发出闪光信息。无意地，它们在吃我们的垃圾。早上我检查拖网。在几十块可见的白色、蓝色、绿色、灰色和黑色碎片中，有一块边缘有咬痕的塑料薄膜，一块可能是牛奶盒子的东西，钓鱼线，一个预生产的塑料颗粒，以及一块灵活的三角形碎片，很可能是人字拖鞋，边缘也有被咬过的痕迹。

乔尔打电话给查利，询问天气情况，除了我之外这是他听到的另一个声音。我们向查利描述了我们正在捕的鱼以及我们的鲯鳅鱼干食谱，还问了问我们在 5 个月前的考察中捕获的蛇鼻鱼的情况。

“我们已经分析了鱼胃中的内容物，大多数鱼肚里都充满了微塑料。”查利说。克里斯蒂安娜·伯格尔（Christiana Boerger）是在查利实验室工作的海洋生物学家，几乎完成了所有 678 次解剖。

“克里斯蒂安娜打开一条鱼肚，从中取出了 84 片塑料。”查利说，“从另外一条中取出的塑料片几乎和它的整个胃一样大。”根据这些研究，我们可以在受塑料影响的海洋生物名录里添加一些新的物种，今天为止已经有 557 个物种。[1]

8 月 5 日，我们庆祝了另一个里程碑。还有 999 mile！我们还有几顿饭要做，然后就是花生酱和鱼。我们已经 3 天钓鱼一无所获。几天前乔尔叉到了一条大的鲯鳅，把它扔到甲板上，当我去抓它不停扭动的身体时，它从我身边逃开，从湿滑的甲板上滑了下去。我看着它以死亡螺旋的形式沉下去。我为浪费了一条生命，以及失去的 3 ft 长的鱼排、寿司和鱼干而感到很糟糕。乔尔又钓了一条，但当他把它卷上来的时候，鱼钩挂在了浮筒周围的网上，鲯鳅逃走了。这条鱼又回来了，第二天我离它近到可以叉住它，但我没叉住，它完好地游走了。钓鱼运动和钓鱼谋生是两种不同的心态。现在我们饿肚子了。

唐·麦克法兰发了信息给安娜以让她转达给我们。他于 1958 年进行的漂流探险在 69 天内完成，这是我们很容易超越的时长。“我从安娜那里听说你们抓鱼很难？”他问。“拿件 T 恤，在周围拖曳一会。煮熟的浮游生物尝起来像龙虾。”

但当我们现在这样做的时候，越来越多的是塑料。我们能够去除一些看得见的塑料，但肯定也会拿错一些，当然所有的纳米塑料既不美味也没营养。我们坚持吃花生酱。这种困境不是全球数十亿鱼类浮出水面觅食的选择。它们摄入的是非营养性塑料，会产生虚假的饱腹感，造成潜在的肠道阻塞，并在身体中引入有浮力性的物质，迫使它们付出额外的、之前没有的能量储备才能在日出之前回到海的深处。就像那块从边缘有咬痕的人字拖上取下的泡沫聚氨酯：1 块碎片在 1 oz[①] 的深海鱼肠道里，就像你或我吞下 1 个空的 2 L 的瓶子，试图游到池底。塑料摄入对鱼类的影响尚不清楚。

第 69 天：2008 年 8 月 8 日，距出发地 1 863 mile

彩虹跑者（纬度 23°47′，经度 143°31′）

“饥饿是世界上最好的调味汁。”我读着堂吉诃德对桑丘·潘沙说的一段话，对乔尔说。如果我知道我们在海上的预期时间会增加至 3 倍，我就会带上 1 个图书馆。2 个月前，我们在墨西哥海岸外的瓜达卢普岛周围转圈，很快就出现了一小群鱼——数百只小鱼的卵黄囊仍然附着在一起。它们跟着我们的筏，享受着船底下水波起伏的安全地，有可藏身的隐蔽角落和缝隙。它们跟着“垃圾”号航行造成的小小的弓形尾迹，在海面上飞奔前进以觅食，有时以 2 kn 的速度与筏保持同步。

现在，我们的追随者们已剩为半打的黄尾鱼，大概有我手掌那么大。它

---

① 1 oz=28.349 523 g。——译者

们被称为“彩虹跑者”，是横跨北太平洋的一种中上层鱼类，但只在我们的筏下发现了这些鱼类。几天前，我们决定定量配比我们的食物摄入量，以便再坚持1个月。这些小鱼天真地不知道我们也是食肉动物。

乔尔蹲在船头，一动不动，像个怪兽，手里拿着一张网，潜在一个浮筒旁边。我看见他在水里飞溅起水花。“有一条！”他喊道。扭动的彩虹跑者“吧唧”一声落在甲板上。我用今天早上发现的搁浅在甲板上的几条飞鱼作为鱼饵，又钓到两条。我们很抱歉我们捕获了在我们眼前看着长大的鱼，但饥饿压倒一切。我从每条鱼上切下两片，把它们放在平底锅里。

鱼的内脏和骨架在木板上铺得到处都是。胃大概有杏仁大小，感觉很硬，不像我解剖过的其他鱼的胃。我用鱼片刀的刀口碰它，它就裂开了。17块塑料碎片倾泻而出。里面什么别的都没有，它被装满了。

我立刻感到恶心。就像在一杯茶的底部发现一只死苍蝇。这条鱼是不可能排出这些碎片的，至少在鱼可以自己长得大些、胃瓣膜变宽能让垃圾通过之前是这样。当然，塑料在内脏内有很长的停留时间，可以让塑料中的化学物质渗入组织和器官里。

“我不想我的寿司里有塑料。”乔尔说。

“我不敢相信我们能发现这个……在这荒芜偏僻的地方。”我回答道。

我们讨论这些持久毒素，它们在海洋中漂移、被吸收和被吸附在塑料上，然后再漂移到我们体内。我把鱼片从锅里拿出来，扔到甲板上。

对海洋生物来说，塑料是不可避免的。557个记录在册的吞食或被我们的垃圾缠绕的物种（几乎每个月这个数字都在变化）代表着一半我们已知的海鸟、海洋哺乳动物、海龟和不断增加的各种鱼类[2]、浮游动物[3]、浮游植物[4]、节肢动物、贝类以及蠕虫。越来越多的证据表明，被吸收和被吸附于微塑料的毒素会在吞食微塑料的海洋生物体内释放，这不是好事情。即使在鱼市里，从蛤蜊[5]和鱼[6]肠道里都发现过很多的微塑料和纳米塑料，如果我们把它们全吃的话，我们就摄入了这些塑料。微塑料自身可能随着一种动物吃掉另一种动物向食物链顶端转移。[7]越来越多的证据表明，塑料污染会对环境造成危害，包括鱼类的癌症[8]、繁殖成功率较低以及海洋蠕虫的寿命较短。[9]在对牡蛎的一项研究中，有“证据表明聚苯乙烯微珠会导致食物改变和繁殖中断……对后代有重大影响。”[10]

那些在海面上漂移、来自我们包装和产品的碎片通常含有一长串化学增塑剂，包括邻苯二甲酸盐、三氯乙烷、二苯甲酮和有机锡，这些增塑剂最初是在生产过程中被添加的，用于改变材料特性，如硬度、颜色和易燃性。这些颗粒也吸收了许多持久性有机污染物（POPs），例如多氯联苯（这是一种全球禁用的工业化学物质，曾用作变压器的绝缘体）、农药［如滴滴涕及其代谢产物滴滴伊（DDE）］、由化石燃料不完全燃烧产生的多环芳烃（polycyclic aromatic hydrocarbons，PAHs），以及多溴二苯醚（在窗帘、地毯和家具软垫里发现的阻燃剂）。当环境持久性和生态毒理学的问题与认知到其事实上已温和扩散不相关时，这些新的化学物质一直为社会服务，但关于生物放大和对健康影响的认知——从鱼身体里的汞到海洋哺乳动物性发育扭曲等——改变了这一切。[11]圣劳伦斯航道（Saint Lawrence Seaway）上，一头名叫布利（Booly）的两性白鲸的身体内充满了多氯联苯和其他合成雌激素化合物，以至于它和其他雄性鲸鱼发育出了更大的乳腺。[12]一项关于美国城市母乳中毒素的研究寻求与污染接触少的人群作为对照，因此研究人员对北极圈以内偏远村庄的因纽特妇女进行了抽样调查。令他们惊奇的是，这些妇女体内多氯联苯的含量远高于大城市妇女，这主要源于她们的海洋哺乳动物食谱——肉和脂肪。[13]人体暴露于通常与塑料碎片有关的内分泌干扰物中，会导致肥胖[14]、自闭症和学习障碍[15]，尤其是在关键的发育窗口期。最近一项关于人类从墨西哥湾摄取黄鳍金枪鱼的研究表明，鱼组织中可测量的多氯联苯水平可以通过人类消费鱼类而转移到人类身上。[16]每年全球消费超过 100 万 ton 的黄鳍金枪鱼，了解其对人类健康的影响是有必要的。[17]但是也有其他也许更容易的方式使人类将这种化学物质内化。

20 世纪化学物质的混合物充斥在我们周围，塑料被证明是进入食物网的重要载体或入口。微塑料（尤其是合成纺织品的纤维）已经在蜂蜜、啤酒、瓶装水和盐等消费品中被发现[18]，它们可以在空气中被吸入。[19]最近的一项研究通过在巴黎的屋顶上放置不锈钢漏斗，发现了来自天空的合成微纤维尘埃。[20] 新塑料中的增塑剂［如添加到聚氯乙烯中的邻苯二甲酸盐］可以制造乙烯基、阻燃剂或双酚 A，可以渗入我们吃、喝、呼吸的东西中，以及我们放在孩子嘴里吮吸和咀嚼的玩具中。废旧塑料的销毁可能会造成呼吸吸入和皮肤吸收的重大风险，特别是在废弃物管理主要依赖于垃圾捡拾者和燃烧垃圾堆的发展中国家。低温焚烧会产生一些致癌化合物［如二噁英和呋喃（furans）］，在冷却过程中形成副产物。[21] 露天焚烧的长期影响是这些化合物和其他化合物在人体血液和组织中的生物累积（bioaccumulation），[22] 从而在相对靠近原始焚烧炉的社区中形成癌症集发群。[23]

从磨牙圈到假牙的膏体，塑料的化学成分一直伴随着我们从婴儿到老年，但并非所有的塑料都是一样的。有一些化学物质的影响突出，尽管有充分的证据表明对人类有害，但监管很慢。

泡沫塑料是制成隔热的咖啡杯和廉价的冷却器的材料，是陶氏化学公司创造的商品名，用于描述将苯乙烯单体连接成长链分子的发泡聚苯乙烯。2006 年，美国生产了 960 万 lb 苯乙烯，用于制造汽车零件、食品容器、计算机部件和成千上万种消费品。[24] 它用于制造合成橡胶［丁苯橡胶（styrene-butadiene）］，以及用于制造玻璃纤维船壳和建筑材料上用的树脂和环氧树脂。

苯乙烯单体可从这些材料中渗出到附近的任何地方。它被释放到你呼吸的空气中[25]，或者被吸收到油腻的比萨饼上[26]，比萨饼则被放在仍在美国公立学校使用的泡沫塑料午餐托盘上。如果你在新的聚苯乙烯咖啡杯里闻到了塑料的味道，那就是游离的单体漂移进了你的肺部。吸烟者得到最大剂量的苯乙烯，因为它是燃烧的副产品。最近，海滩上的聚苯乙烯被发现会在阳光下降解，留下苯乙烯在沙子里。[27]

人们根据大量的动物试验，怀疑苯乙烯是一种人类致癌物，并且已证明在化工厂处理苯乙烯的工人中，淋巴造血系统癌症的死亡率增加。[28] 其他研究提供了证据，表明苯乙烯暴露与食道癌或胰腺癌之间可能存在关联。虽然多数苯乙烯在体内能够被代谢，但基因毒性（基因损伤）和免疫抑制可能是导致癌症的机理。[29]

2006 年，在我建造“垃圾”号的两年前，我收到来自弗雷德里克·沃姆·萨尔（Frederick vom Saal）的电话，他是一位来自密苏里大学（University of Missouri）的发育生物学家。一年前，他偶然发现了低剂量双酚 A 对雄性实验小鼠前列腺大小的影响。他说：“我们希望听到更多关于海洋微塑料的信息。”我们在北卡罗来纳州（North Carolina）的查珀尔希尔（Chapel Hill）会面，在那里他召集了 38 位科学家讨论双酚 A（BPA）及其在人类健康方面的相关负面影响趋势。

双酚 A 是一种坚硬的聚碳酸酯塑料，你的厨房里可能有——旧的水瓶、儿童玩具或婴儿奶瓶——而如今它仍然存在于金属食品罐、DVD 和用作收银机收据的热敏纸的塑料内衬中。[30] 如果你把收银机的收据弄湿，手握 60 秒，你可能会看到白色的残留物，那就是双酚 A。现在把它从你手上擦掉，因为它可以被吸收进你的皮肤。塑料行业每年生产超过 500 万 ton 的双酚 A。[31] 由于其在我们的消费文化中无处不在，几乎所有地球上的人类在他们的血清、唾液或尿液中都有可检测量的双酚 A。正如沃姆·萨尔所说，那些鸭嘴杯、磨牙圈和奶瓶都是“双酚 A 棒棒糖”。当双酚 A 分子连接在一起时，它们变成硬塑料，但让它们松开，它们会像雌激素一样作用。双酚 A 最初是在 1936 年为女性制造的激素补充剂，但它被用于制造一种更好的塑料。[32]

问题在于，当聚碳酸酯塑料受热或暴露于碱性物质中时，它会降解，而那些断裂的双酚 A 链类似于雌激素。大量关于大鼠和小鼠暴露于双酚 A 的文献表明，该物质与前列腺癌、心脏病、肥胖症、早期性发育和生殖系统损害之间存在关系。沃姆·萨尔表示在人类中，尤其是考虑到我们的持续暴露时，双酚 A 暴露可能与男性异常尿道发育等和女性性成熟的增加、注意缺陷多动障碍（attention deficit hyperactivity disorder，ADHD）和自闭症等神经行为问题的增加、肥胖和Ⅱ型糖尿病的增加、精子数量的减少以及激素介导的癌症（如前列腺癌和乳腺癌）的增加有关。

双酚 A 影响也有表观遗传学效应，这意味着其可以改变基因的表达方式。换句话说，正如沃姆·萨尔所写的：“外部环境可以触发父母的表观遗传变化，然后以非随机的方式传给后代。环境污染物［如内分泌干扰化学物质（endocrine disrupting chemicals，EDCS）］也会影响DNA甲基化和表观遗传标记，在随后的若干代中产生持久性的变化。”[33] 尽管斯蒂芬·J. 古尔德（Stephen J. Gould）认为“自然选择几乎与我们无关”，但越来越明显的是，我们暴露于合成化合物中正带来新的遗传变化机制。[34]

与毒素的“剂量产生毒性”不同，内分泌干扰物于低剂量时即可在胎儿发育的关键的窗口期产生危害。沃姆·萨尔给小鼠注射了剂量为美国环境保护局人体毒性阈值的1/25 000的双酚A，结果是雄性的前列腺增大了。“这种东西应该比我们想象的更厉害。”沃姆·萨尔说。有关他的发现的消息传出时，陶氏化学出现了。“如果你不发表这篇论文，我们能达成一个互利的结果吗?”据沃姆·萨尔说，这家化工巨头的代表曾问他。但是在这场比赛中这种对抗性运动已经迟了，他的论文已经被接受，而且已经通过同行评议；无论如何，他不会屈服。

美国化学理事会用垃圾科学进行了反击。在继沃姆·萨尔之后100多篇关于双酚A影响的科学论文中，90%的论文显示了其严重的危害。与此同时，美国化学理事会和塑料工业协会资助了14项关于双酚A的研究：其中2项研究成果直接就复制、否定和推翻沃姆·萨尔的工作，所有这14份有交易的出版物均报告双酚A“无害”。这些伪研究出版物旨在为特殊利益服务，破坏了科学的整体可信度。在一次采访中，沃姆·萨尔说：“所有的行业和企业实验室在科学界都没有任何地位。他们的实验令人遗憾，因为完全过时了，使用没有人会在实验中使用的技术。”[35]

我们在查珀尔希尔开会后一年，38位作者在《生殖毒理学》（*Reproductive Toxicology*）杂志上发表了一篇共识声明，对双酚A管控提出了强有力的理由，即在所有与食品接触的应用产品中都要对双酚A进行管控。[36]

如果有监管的话，它来得也很慢。美国食品药品管理局（US Food and Drug Administration，FDA）和美国环境保护局等监管机构的内部工作受到了沃姆·萨尔等人的批评，因为他们的无能和易受行业操纵。由于1976年颁布的《有毒物质控制法》（*Toxic Substance Control Act*），[37] 美国环境保护局无法对他们负责监管的大部分化学品进行监管，该法将包括双酚A在内的

62 000 种化学品[38]保护在一个超出监管范围的安全港。但是在 1996 年，也就是沃姆·萨尔进行里程碑式研究的同一年，美国国会要求美国环境保护局审查一长串有雌激素效应的化学物质。由此产生的结果文件淡化了雌激素影响，并与沃姆·萨尔和其他人的工作结果相矛盾。随后的国会调查发现，2007 年起草报告的工作中部分被转包给了科学国际（Sciences International），该组织大部分员工曾经是化工行业的科学家和游说者。

尽管暴露出来这些偏见，美国食品药品管理局坚持认为："根据美国食品药品管理局对科学证据的持续安全审查，现有信息继续支持目前批准用于食品容器和包装的双酚 A 的安全性。"尽管加拿大禁止在儿童玩具中使用双酚 A，但美国化学理事会的成功游说阻止了美国的类似联邦立法。[39]过时的监管体系、自我发表的垃圾科学、对竞争的科学家的恐吓策略以及严重不合规行业对政策制定者施加的压力，共同推迟了制度的出台。

2012 年，在一次貌似积极的行动中，美国食品药品管理局"放弃"在婴儿奶瓶中使用双酚 A。正如自然资源保护协会（National Resource Defense Council，NRDC）和环境工作组（EWG）指出的那样，这不是禁止双酚 A 或承认其危害性，而是承认塑料行业自愿放弃在产品消费者中使用双酚 A 的想法，大多数人对此感到震惊。直到今天，联邦机构仍然否认双酚 A 在低剂量下会对人体造成伤害，拒绝了结论相反的有力证据。[40]为了回应美国化学理事会成功地阻挠一项规定双酚 A 不能进入儿童口中的产品的全国性法案，加利福尼亚州参议员黛安娜·范斯坦（Dianne Feinstein）在接受《纽约时报》采访时说："我不能理解一个化学团体竟然会反对禁用某种至少会影响婴儿内分泌系统的化学物质，这是因为他们想从中赚钱。"[41]

在双酚 A 案例中，美国食品药品管理局依赖垃圾科学，也没有作为一个公正的调停者，而这应是其通过政策顾问和公职人员扮演的基本角色。怀疑的种子已经发芽了。

双酚 A 降解相对快速，一周内在温暖、生物质丰富的河流和湖泊里就可以降解，尽管在冷海里它花费的时间要长得多，[42]但也不像其他的持久性有机污染物那样漂移到各处。由于胎盘暴露、母乳喂养甚至吸入浮尘，持久性有机污染物［如滴滴涕（一种常见的仍被世界各地广泛使用的杀虫剂）、多氯联苯、阻燃剂］从一开始就存留在我们体内。[43] 我们知道这个是因为我们在安娜体内发现了它们。

2009 年，安娜和我知道我们将在一起并且会有一个孩子，就一个。我们知道有毒物质会附着在塑料上，所以我们很好奇有什么东西会在子宫里附着在我们的孩子身上。我们去探望她在俄勒冈州波特兰（Portland）当外科医生的姐姐朱莉（Julie），安娜问她："你能给我抽点血吗？" 尽管在她有生之年做过数百次急诊手术，朱莉还是非常犹豫要不要抽安娜的血。一些可能对家庭造成伤害的事情，即使是最轻微的感觉，也会深入人心。我们担心合成化学物质可能会传递给我们未来的女儿，这一点也是一样的。安娜的血液被送往 AXYS 分析服务（AXYS Analytical Services）。结果令人惊讶。

安娜大部分时间都是在西海岸郊区度过的。她吃素，经常锻炼，花费不少时间在户外活动。因此，在她的血液中发现滴滴涕、多氯联苯和高浓度的多溴二苯醚是出乎意料的。我们都背负着这样的身体负担，不管地点或生活方式如何。这是存在于地球上的问题。对一个女人来说，最可靠的"排毒"方法是分娩和母乳喂养。母乳中的脂肪本是帮助婴儿增加体重，却成为这些持久性有机污染物的"磁铁"。在胎儿发育过程中，大量的持久性有机污染物是通过母亲的胎盘获得的。一项关于婴儿发育的研究发现，婴儿的精神运动技能受损与多氯联苯的存在有关。[44] 阻燃剂与甲状腺激素失调有关。一些多溴二苯醚同系物与癌症和神经发育缺陷有关。在一项对 475 名脐带血中有杀虫剂滴滴涕及其代谢物滴滴伊的儿童的研究中（很可能是他们在母亲的子宫中时，通过喷洒杀虫剂的方式获取的）发现，因暴露于杀虫剂，许多儿童在 4 岁时会表现出言语、记忆、数量和知觉表现技能受到影响。[45]

当环境工作组调查了 10 名美国新生公民的脐带血时，发现该组血液中有近 300 种工业化学物质。可悲的是，每一个女人都携带着合成化学物质的"遗产"，然后将这些化学物质很不情愿地给了孩子们。目前尚不清楚的是这些持久性有机污染物的长期影响，或它们与人体内其他污染物相互作用的影响。此外，我们不知道它们是否会像内分泌干扰物一样影响关键的发育窗口期。本世纪出生的孩子基本上是上个世纪化学创新的纵向实验。

“我们该怎么办?”安娜问。她真的想要一个自己的孩子。我们考虑了很长一段时间关于领养的问题，现在仍然这样想，但决定尝试生一个孩子。

2011 年初，也就是“垃圾”号考察之后的几年后，她怀孕并在孕早期流产了。她比我接受得好得多，反应务实。我一直对她坚忍的天性印象深刻，后来我们谈到了我们瞬间感受到的血缘亲情。但这次不是说这些的时候。她说：“这是我的身体对某些不对的东西做出的反应。”

第 70 天：2008 年 8 月 9 日，距出发地 1 909 mile

我们被偷走的未来（纬度 23°34′，经度 144°19′）

我和安娜的未来离这里还有很长的路程和一段岁月，而且建立家庭的想法离我们还很远。尽管如此，我仍在想我们将带着孩子进入怎样的世界，沿着我们的垃圾的轨迹漂移到地球上最偏远的地方，进入这片海洋中相互关联的网，并进入我们的身体。我用塑料纸保存了小彩虹跑者的胃，在飞机机身内的仪表板上把它晾干。我每次在筏上走动时都会看它。如果我吃了这些鱼，我体内会残留什么化学物质呢?

我所带的 6 本书之一是《我们被偷走的未来》，著者为西奥·科尔伯恩、黛安娜·杜迈洛斯基和约翰·彼得森·迈尔斯。这本书揭露了一种内分泌干扰污染物，它能干扰控制胎儿发育的自然信号。这是一本令人很受启发的书，联系到沃姆·萨尔的工作背景，很明显，制造双酚 A 的行业和维护化学物质的贸易团体（如美国化学理事会）使用了充斥着遗漏、委托、误传和误解等各种错误的垃圾科学，以摧毁各种尝试阻止发育中的儿童继续遭受其产品伤害的意图。

通过安娜的帮助，我们联系上了作者之一黛安娜·杜迈洛斯基，并于 8 月 9 日在卫星电话上通话。

“你们知道你们吃的那些生锈的罐头吗?”黛安娜说，“它们都有双酚 A

内层，我确信已经渗入了里面的食物。”

“幸运的是，或者不幸的是，我们已经没有罐头食品了。”我回答道。我们就塑料在海里和陆地上的情况进行了长时间的对话，也谈到了新产品中的增塑剂问题。

“你认为我们所吃的这儿的鱼受到了污染吗？”我问道。

她停顿了一会儿。“很难回答，关于到底是什么情况，我只能告诉你实验室的研究结果，动物体内保留污染物并会通过分娩过程传递。母亲们用这种方式‘卸载’部分污染物。或者污染物可以通过捕食传递给其他物种，包括你。”她说，指出我和乔尔也是海洋食物网络的一部分。

黛安娜继续说道：“你所有读到的关于雌激素干扰化学物质的书都告诉我们目前有一个很棘手的问题。我们查阅了 4 000 多份研究报告并请了许多科学家去审阅我们的书以确保准确性。证据很确凿，文明暴露在化学物质下，并危害我们所有人。”

“它是一个庞大的实验。”她加了一句，“我们对商业中成千上万的其他化学物质知之甚少。”

美国化学理事会在美国大力游说，反对旨在限制儿童暴露于双酚 A 和邻苯二甲酸盐的立法。这些化学物质暴露通过那些对产品中的化学品管制不严的 1 美元商店，主要影响一些低收入家庭。[46] 但因为具有道义上的优势以及随着公众压力不断增加，倡导公共卫生的运动也取得了成功。8 月 14 日，恰巧在我与黛安娜通电话后几天，2008 年《消费品安全促进法》（*Consumer Product Safety Improvement Act*）通过，限定儿童玩具中 6 种邻苯二甲酸盐的含量不能超过 0.1%。然而该法排除了其他常规的暴露途径，如肥皂、洗发水、个人护理产品、学校用品、服装、食品包装或建筑材料——并且没有要求对替代这些邻苯二甲酸盐的化学物质进行测试——但它仍然被认为是一次彻底的胜利。2014 年，限制目录中加入了其他种类的邻苯二甲酸盐。[46①] 尽管在过去的两个世纪里，我们已经发明了超过 83 000 种化学物质，这些胜利仍

① 此处原文恐有误，应为“47”。——译者

很重要，应对着一些对人类健康而言危害最严重的物质。

今天大量的证据有力地证明了塑料污染对我们的生物圈造成了“伤害”。最近出版的大量出版物表明，数百种物种会被我们的垃圾缠住或以我们的垃圾为食，但在生态尺度上确定危害更为复杂，需要研究更小的微塑料颗粒和纳米塑料颗粒及其生态毒理性。“生态相关”（ecologically relevant）指的是利用大自然中发现的真实塑料浓度去测量对整个种群的影响。这和许多实验室研究不同，实验室研究通常会给海洋生物喂养过度的塑料并等待产生效应。今天的科学前沿是寻找那些生态相关的影响。令人伤心的是，我们正在发现它们。

在我们行动之前等待灾难发生就是自寻麻烦。在最近的一项研究中，生态毒理学家切尔茜・罗克曼声明：“目前已有足够的数据供政策制定者开始减少有问题的塑料碎片，以避免不可逆伤害的风险。”[48] 这是道德上和政治上的决定，并不是纯粹的科学决定。去找到野生生物和人类的健康与少数行业企业的经济成功之间的平衡为什么如此困难，尤其对我们选举出的政策制定者来说？作为科学家，什么时候我们可以坚守自己的核心价值观并成为好政策的倡导者？

沃姆・萨尔、罗克曼和杜迈洛斯基的工作证实了一个广泛的共识，即环境中的塑料及其携带和释放的化学物质会产生危害，对此我们必须马上采取行动。我们有义务对彼此和后代采取预防性原则：在采取监管行动之前，不需要科学的确定性。

第 13 章　小鱼吃大鱼

有科学、逻辑和理性；有经验证实的想法。然后才有加利福尼亚。

——爱德华·阿比（Edward Abbey）

第 71 天：2008 年 8 月 10 日，距出发地 1 953 mile

送货上门（纬度 23°15′，经度 145°02′）

“究竟怎么回事？”乔尔从机身顶部喊道。我从里面冲出来，或许他看到了一艘船？或许他受伤了？也许我是从飞机中爬出来的，因为他的喊叫声是几周来我听到的最新奇的事情。

“我正坐在飞机顶上，它们一大群从水里喷射出来！”乔尔兴奋地大叫。他抓住了五六只乌贼，每只都有他食指那么大，躺在他手掌里的墨水池里。

“其中一只正好打到我的胸口！”一大片墨水溅污在他 T 恤的正中位置。一整群的乌贼从海浪中跳出来，猛摔到甲板、帆和机身上。我从里面听到了一声湿滑般的撞击声，但乔尔的叫声让我站了起来。

我们捡起甲板上送上门来的乌贼。那是最近从海洋里捡来的为数不多的东西。这里不是唐·麦克法兰在 1958 年的“利哈伊Ⅳ”号上漂流时描述的充满鱼的海洋。我可以很合乎情理地说，如果今天你在海上迷路了，你不能依赖海洋的慷慨去喂饱自己。乔尔把一只乌贼滑入嘴中，接着又是一只。他把它们整个吞下，就像你用辣酱汁裹牡蛎一样。我吸入一只到我嘴里，没有嚼，感觉墨汁从它身体里倾泻而出，从我嘴里流出到下巴上。我无法忍受，吐了出来。

乔尔在整个旅行中都没有那样笑过。除了我吐掉的一只外，他吞下了其他所有的乌贼。今天早些时候，他看到一条小的鲯鳅躲在我们的浮筒下，现在我有了诱饵。

乌贼是大海的自助开胃小菜。在中途岛环礁上填满塑料的信天翁骨架中，你会发现数百只乌贼在塑料垃圾中间被吞入胸腔里。在海里游弋的每个捕食者都会追在乌贼后面。我把一个钩子埋在乌贼体内，然后把它扔向海里。我还没来得及呼气，钓鱼线就绷紧了。我看到鲯鳅的金色倒影在船边晃来晃去。

“鱼上钩了！”乔尔大喊。它很小，不到 2 ft。我用一只手紧紧抓住它，以确保这次它不会跑掉。离我们上一次吃鱼已经一周了。为了快速杀死它，我把鱼片刀的刀尖插到眼睛上方，穿过骨头，从头顶切开。它几乎立刻停止扭动。我常常注意到它那逐渐褪去的颜色。

我把肉从一边切下来，递给乔尔，他已准备好一个平底锅煎它，并和椰子味咖喱一起上桌。另一边的鱼片被切成十几条，串在一起在阳光下晒干，做成鱼干。我感到满足，知道明天不会太饿。

第 73 天：2008 年 8 月 12 日，距出发地 2 042 mile

遇到罗兹（Roz）（纬度 23°05′，经度 147°12′）

两天后，安娜在卫星电话上问我：“你记得罗兹吗，那个划艇运动员？她离你只有 200 mile，她需要水。”

我的第一反应是“她还有食物吗？”早在 3 个月前，我和罗兹 · 萨维奇（Roz Savage）曾就我们各自的航行有过一次简短聊天，结束语是“好运，夏威夷见！”她已经跨过了大西洋，正在前往新几内亚和世界各地的途中，途经几个岛屿。

她的一位粉丝在我们的博客上把我们各自的 GPS 坐标发了一条帖子。安娜回复了，不久罗兹的母亲从伦敦打来电话：“你们可以找到我女儿吗？她的水快被喝光了。”

经过安娜、罗兹和她妈妈的几番联系后，我打电话给她：“嘿，罗兹，我是‘垃圾’号。”我说。我们的通话很简短，反映出我们双方都很节约昂贵的卫星电话时长的习惯。当我把电话递给乔尔的时候，他的眼睛亮起来了。两个月在海上只能见到彼此，使得对另外一个声音的语调如此之欢迎，好比发现一杯啤酒漂过眼前。“我们会给你抓一条鱼。”乔尔许诺，然而我想知道他怎样能抓到。将近 200 mile 的距离需要时间，他快速记下罗兹的经纬度并绘制了航行计划图。“她以每天 30 mile 的速度在 250° 角的航线上行驶。我们得减速。”

罗兹的两个造水机都坏了，所以她依靠她的压舱水维持。我们有我们的 Katydn 35 型反渗透（reverse-osmosis，RO）手泵，如果我们不停地压水，每小时很容易就有 1 gal 的水。在我们的紧急备用包里有一个较小的手动式反渗透造水机，还没有打开。我们打算把这个给罗兹。我们还有 25 gal 的水密封在 3 个桶里，我们也会给她一桶并另给她制作 5 gal 淡水。我们每天联系两次，早 6 点和晚 6 点。

“你认为她看起来更像黛安娜王妃（Princess Diana）还是王后?”我问乔尔。又一阵狂风过后，橙色的太阳光涂洒在风帆上。风停了，她从我们身边经过。8 月 12 日上午 6 时 5 分，我们在罗兹东北方向 6 mile 处，并且设定了 255° 的航线，希望在中午与她的航线相交。到下午 1 时，我们还在追她。罗兹在她的博客中写道：“我们是两个移动非常缓慢的物体，非常缓慢地靠近彼此，就像两只要去配对的花园蜗牛。”

“我可以看见她了！”乔尔在桅杆顶上惊叫起来。她像是一个反射在海面上的白色小点，在波涛汹涌之间时隐时现。又过了两小时，我们还在追赶她。

“‘垃圾’号，这是罗兹。”她的声音在机身的收音机中回响。很明显，以这样的速度，我们在日落前都见不到她，如果我们等一晚上，又可能错过她。

“我不确定我能把自己划到与夏威夷相反的方向。”罗兹不情愿地说，“但我必须这样做。”她划越过大西洋，总是向西行驶。她在太平洋上花了两个月时间追逐落日。这是心理技巧，用不断进步来奖励自己，但现在，太阳第一次落在她的船尾。

她快速地靠近，她的船是“锦缎”号（Brocade），正在跃过波浪。乔尔抛出锚，我们暂时停下来。罗兹绕着“垃圾”号转了一圈后漂到了 50 ft 外。

在经过几次扔绳给她的尝试后，我拿着绳子另一端跳入水里游到她船边。“嘿，你一定是罗兹。”我说道，从她的左舷伸出我的胳膊和她握手。她长得像扎着马尾巴的圭尼维尔（Guinevere）[1]，有着奥林匹克选手般的前臂和海洋运动员一样的黝黑皮肤。我已经两个月没见过另一个人类了，更不用说海中美丽的海妖了。

乔尔卷起绳把她拉近了。“锦缎”号是碳纤维银色导弹形状，两端呈锥形。中间的三分之一敞向天空，在两组桨中间有一个蓝色的坐垫。每一端都有一个防水的舱口。柔韧的太阳能电池板包裹着暴露在外的船舱顶部，小天线、其他铃铛和哨子到处都是。在“垃圾”号旁边，她的船看起来像一辆法拉利停在一辆煤渣堆上的生锈的轿车旁边。

“我有几袋食物给你们。”罗兹说着将第一袋食物扔了过来。里面全是 Larabars 营养棒[2]，我高兴地睁大了眼睛。

乔尔伸手去拿第二个袋子，往下掏并大声喊道：“照烧鸡！”

我爬上“垃圾”号浮筒的边缘，一脚踩在“锦缎”号上不动，去拿第三袋。“火鸡肉干！”我们像两个孩子看着一袋万圣节糖果。我们现在可以停止吃鱼干了。罗兹扔过来她的两个空油桶和水袋，在干任何其他事情前我们先要装满它们。乔尔递给她造水机。

我们邀请她来我们的单身公寓。突然间，我们意识到自己的袜子和内裤正被绳子绑在筏下面。“我们的洗衣机。”我抱歉地咕哝着。

我们带她参观修补过的浮筒、破损的桅杆和磨损的绳索。我们知道我们的时间会很短，所以我们打断了这段闲谈。

“那么，你该怎么做才能保持思维活跃呢？”我问。她很清楚我在说什么。到目前为止，在我的经历中，曾经有过欣喜若狂和发自肺腑的悲伤的时刻，任其自由绽放在一片广阔的无聊田野中。

---

① 源于 12 世纪由遍历欧洲的吟游诗人传颂的亚瑟王传说中的亚瑟王之妻圭尼维尔。——译者

② Larabars 营养棒是美国的一种零食棒，富含能量及谷物。——译者

“我可以集中在划艇上，或期待下一次茶歇，然后还有录音带。但这次不同于我划越大西洋的时候。那时有更多的疑问、更多的考虑和担心。例如，当我的造水机这次坏了的时候，我简单地说：‘哦，好吧。’”她的蓝眼睛充满了经验和耐心。你抓住了可以选择担心或不担心事情的点，因为担心根本不会改变你头脑之外的任何事情。

乔尔不在筏上，正向筏挣扎着游过来。他之前跳进水里去追一条鲯鳅。

“抓到了！”他喊道，像一个3 ft长的人扑向甲板。乔尔从水里爬出来，胸口骄傲地鼓起，因为他没有食言。他把炉子点着，我把第一片鱼肉递给他，鱼肉还在颤抖。几分钟后，我们就享用上了咖喱鱼，这是来自大海的礼物。“你们两个真懂得如何招待女孩！”罗兹说道，又补充道：“你承诺我一条鱼，现在正是我们的盛宴。”这真是无缝操作，就好像我们已经排练过一样。我可以看出乔尔很满足，就像我一样，有机会就力所能及地给予。罗兹也有同样的感觉。

乔尔吃完咖喱后又吃寿司，在酸味黄油里烤了一大块鱼。罗兹一直在吃。我们很快就担当起罗兹“王后”仆人的角色：“夫人，请问您还需要别的帮助吗？”

罗兹随后写道：“前三拨过后，两个男孩向后靠着，问我吃够没。我没有，完全没有。我又得到了两次慷慨的帮助。我想说这是我的身体对蛋白质的渴望，但更可能是我太贪婪了。这是几个月来我吃的第一条新鲜的鱼，我计划充分利用这个机会。”

晚饭后，我把拖网拉进来让罗兹看我们在海面上都收集到了什么。我指着在水样中旋转的五彩碎屑万花筒，解释道：“这是你听说过的‘岛’。它不存在，但现实情况更糟。”我们谈到各自的航行对自己意味着什么，以及我们与外部世界分享的任务，以及这是一个多么棒的沟通工具。我们稍后将把这些拖网中又干又咸的微塑料样品送给罗兹。

太阳开始落在云层后面。最后一道光线是无法言喻的暗示，是时候要分开了。我们一起拍了几张照片，罗兹用记号笔在我们的小屋上签名：“毫无疑问，你们是我在过去3个月里见过的最酷的人。谢谢你们丰盛的晚餐。一路顺风。罗兹。”我们看着她漂走、她的桨在空中划过的轮廓，她开始划去夏威夷的另外 700 mile。

乔尔和我直到看不见她时仍咧着大嘴笑着，意识到我们 3 个流浪者用水交换食物，在北太平洋中分享着这些生命的基本礼物。

随后，我们将在夏威夷看到罗兹，她戴着花环划入怀基基[①]（Waikiki），身边跟着传统的独木舟。然后，当安娜和我开始我们的巡回演讲时，沿着西海岸环行 2 000 mile，在加拿大温哥华（Vancouver），我们将再次见到罗兹。在未来的许多年里，我们将保持朋友关系。随着塑料污染运动的发展壮大，我们时而会漫步于彼此的生活之中。

我们与罗兹的会面是组织如何找到彼此并共享资源的象征。随着运动的发展，更多的组织成立并建立联盟。组织似乎每天都在出现，以各种类型的组合在活动（联盟、基金会、×× 之人、×× 之友、同盟、捍卫者、保护者、研究所、全球的、国家的、联合会、协会、保护、信托），或以对海洋的描述词（海、海岸、蓝色、海洋、洋流、流涡、波浪、海岸的、洋），最后是关于塑料的一些内容（塑料、垃圾、废物、废弃物、丢弃物）。

再后来，在我和乔尔到达夏威夷之后，认识到海洋研究的差距并感觉有必要去帮助发起运动以结束塑料对人和环境的危害，我和安娜共同成立了五大流涡研究所，我们从 3 个目标开始：

1. 回答“有多少塑料在那里”的问题并发布结果。
2. 创建平台，以考察的形式去吸引和赋能公众。
3. 投入于合作的和以解决方案为导向的运动。

为了做到这一点，我们将在世界各地发起 20 次考察，在 2010—2017 年用我们租来的船只航行超过 50 000 mile。我们的优势是我们的灵敏度，作为

① 夏威夷岛最著名的海滩。——译者

一个小的组织，可以抓住船只空闲的机会快速组织考察，例如在接到参与电影制作的无指定邀请后几周，就跳上了“阿姆斯特丹市”号，促成了第一次对印度洋流涡塑料污染的调查。我们最大的成功——远比我们发表的任何科学论文成功得多——是已经与我们邀请加入我们的船员（目前为止已经超过200人）建立了友谊和合作伙伴关系，每个人在快速发展的塑料污染运动中都有自己不同的角色。

我们的盟友包括来自泛大陆探险队（Pangaea Exploration）的罗恩·里特（Ron Ritter），他把他的船“海龙”号（Sea Dragon）借给我们，实现了我们一半的航程。冲浪者基金会、阿尔加利特中心、治愈海湾、NY/NJ 海湾保护者（NY/NJ Baykeepers）、塑料污染联盟、无垃圾水体（Trash-Free Waters）、清洁海洋联盟、塑料汤基金会（Plastic Soup Foundation）、塑料变化（Plastic Change）、上游政策研究所（Upstream Policy Institute）、材料故事（Story of Stuff）、全球焚烧炉替代联盟（Global Alliance for Incinerator Alternatives, GAIA）、脱离塑料（#breakfreefromplastic）是在这个问题上的数百家机构中的一小部分。环境运动可以被定义为“由各种形式的组织、没有组织联系的个人和团体组成的松散网络，受共担的身份或关注环境问题激发而采取的集体行动”，也即《寂静的春天》作者蕾切尔·卡森所称的“公民旅”。[1]

与几十亿美元价值的公司相比，我们或许是小鱼，但小鱼可以一起朝向一个方向游泳。很像奇科袋成功对抗最大的塑料袋生产商一样，数以百计的支持者和草根组织证明了合作的力量。我们都存在于相互独立的组织联盟中，但正是使命的一致性和策略网络化的统一方向性汇合形成了一场运动。

2011 年年初，我收到萨姆·梅森（Sam Mason）博士的电子邮件，她在开头写道：“我想探索五大湖中的塑料污染。”她是位于纽约西部的纽约州立大学弗雷多尼亚分校（SUNY Fredonia）的化学教授。我们已经在调研圣劳伦斯航道的项目上工作了好几年，萨姆准备去行动。五大流涡研究所的努力方向之一是出借仪器给愿意做工作的任何人。我们有 50 张网可以借出。在这种情况下，萨姆安排了一艘船——“美国尼亚加拉”号（US Brig Niagara），是佩里准将（Commodore Perry）海军舰队舰艇的长 198 ft 的复制品，这艘舰艇在 1812 年的战争中于伊利湖（Lake Erie）击败了英国人。她想把我们的一张网拖在她的船后面，自己带队。

2012 年和 2013 年，我们一起发起了几次考察，首次在五大湖区收集漂浮塑料。萨姆和她的学生做了所有的工作，收集、分选甚至用扫描电子显微镜（scanning electron microscopy）对样品进行扫描以确认聚合物类型。在伊利湖，我们遇到了一些令人困惑的事情：按数量计，塑料比我们的任何一个海洋样品中都要多。成千上万的小而圆的颗粒以蓝色的、紫色的和红色的色调出现，是完美的小球体，直径大约 0.5 mm。我们有预感。在欧洲，塑料汤基金会组织了围绕微珠的国际运动，在面霜和牙膏中发现了一些塑料小球。萨姆和我分别去本地药店调查品牌。令我们惊讶的是，污染五大湖的微珠与消费品中微珠的颜色、形状、大小和化学成分相匹配。

我们找到了证据。与我们的海洋样品不同，因为我们永远不能就海洋样品将责任具体到一个国家或公司，而现在我们可以高举我们的双手，手里满是微塑料，世界各国的领袖会说："真是耻辱。某些人必须做些什么。"如前面提到的，海洋中的塑料污染最终会成为"公地悲剧"。这次是不同的。在这里，我们可以证明给任何人看是什么直接导致了问题。2013 年，萨姆和我一起发表了在五大湖的工作结果，这是 8 名作者、一群学生和渴望看到结果的支持者的集体成果。

在伊利湖的岸上，我们为发起解决问题的运动打下了基础。

美国各地的人们都在把塑料微珠擦入脸部和牙龈中这一事实并没有为公众所知，但是也快了。正如我们从海洋冠军组织的朋友们那所学习的那样，良好的国家政策有 3 个要素：第一，强大的国家网络在科学、策略、媒体和语言方面对地方的努力给予支持；第二，在华盛顿特区（Washington，DC）的紧密合作；第三，加利福尼亚州的牵引力。

2013 年 1 月，我们起草了关于微珠的立场声明，由我们的加利福尼亚伙伴清洁海洋联盟、冲浪者基金会和塑料污染联盟签署。斯蒂夫·威尔逊（Stiv

Wilson）是我们当时的活动总监，在管理整个运动，并很快成为国家行动的主要发动者之一。他是伟大的战略思想家，有把人聚在一起的本领，对企业给人们带来痛苦并漠视的欺凌行为不能容忍。

我们有一个好故事，其中的“主要因素”引起了公众的情绪。如牙医凯尔·斯坦利（Kyle Stanley）告诉我们：“我已经从病人的牙龈里发现微珠多年了，它们会引起炎症，并延迟手术后骨骼和组织的愈合。”[2]我们从污水处理厂得到的证据表明，微珠可以从废水出水中漏掉，留在污水污泥中的微珠会被作为肥料在农田中分散。我们从多个品牌的洗面奶样品中查看微珠的数量，例如强生（Johnson & Johnson）的可伶可俐（Clean & Clear）产品和露得清（Neutrogena）的深层清洁（Deep Clean）产品，确定在一个通常的瓶管中的微珠平均数量超过35万个。所有这些都是注定要从你的脸上被洗掉和从牙齿上被刷掉的，进而排到下水道里，然后流到江河湖泊中。野生生物每天都可能会暴露在数十亿个微塑料颗粒中。

我们也有欧洲的先例。玛丽亚·韦斯特博斯（Maria Westerbos）是荷兰塑料汤基金会的创始人，成功地发起了国际运动以“击败珠子”（“Beat the Bead”），并说服欧洲最大的消费品制造商联合利华承诺在2015年去除所有产品中的微珠。他们正在证明这场战役是胜利的。

同时，莉萨·博伊尔（Lisa Boyle）是一位有激情的律师和社会活动家，也是我们的法律顾问，与母校杜兰法学院（Tulane Law School）协商，主办关注塑料污染的2014年环境法律和政策杜兰峰会（2014 Tulane Summit on Environmental Law and Policy）。《杜兰环境法律期刊》（*Tulane Environmental Law Journal*）与绿火法律（Greenfire Law）合作发表了《关于个人护理产品中微塑料禁令的案例》，创立了规范此类产品的法律语言模板。

因此，五大流涡研究所团队在加利福尼亚州参议院找到合作者——理查德·布卢姆（Richard Bloom），并与他的团队和州内的其他组织密切合作，集体支持AB 1699，即到2019年禁止在商店货架上销售任何类型的含微珠产品。这是很好的环保法案，没有漏洞。纽约议会也在讨论微珠使用禁令。该网络正在发展壮大。

与此同时，宝洁公司和强生公司也大量公开发声关乎他们清除产品中的微珠。几年前，安娜和我把我们的担忧告知了宝洁的首席执行官和他们的可持续发展主管莱恩·索尔斯（Len Sauers），他说："当你在环境中发现我们的产品时，请回来找我们。"我们做到了。2014 年年初，我们与强生公司进行了简短的对话，他们回应的是一份多年逐步淘汰的计划。这是常见的诱饵和转换策略，能够安抚相关公众并争取时间。不管怎样，立法的车轮已经开始运转。而我们所不知道的是公司有替代计划：在期待着联邦政策时，代表 600 多家公司的个人护理产品理事会（Personal Care Products Council，PCPC）在强生的要求下，令我们所有人惊讶地在美国各州推行了一项有利于行业的法案。

这项法案是通过叫美国立法交流理事会（American Legislative Exchange Council，ALEC）的机构来推行的，这是一个保守的非营利机构，起草和分享类似国家水平的立法模板以分发给其会员。根据其网站信息，该机构 2013 年的会员包括 85 位国会议员、14 位曾任或现任政府官员以及四分之一的全国立法者。[3] 美国立法交流理事会会员也包括 300 家公司、基金会，以及其他私营部门代表。美国立法交流理事会推选出的领导和公司利益结合在一起，创立"法案模板"，由各立法者带回去并在其议会厅中作为自己的"想法"推介出去，不会披露起草法案的公司的名字。[美国立法交流理事会在市政塑料袋禁令上也是这样做的，散布国家立法模板本质上是禁止塑料禁令的。在佛罗里达州（Florida）和威斯康星州（Wisconsin），现在任何城市禁止塑料袋都是违抗州法律的。]

使美国立法交流理事会微珠法案糟糕的原因是延长的时间表和生物塑料替代品的巨大漏洞。像聚乳酸（PLA）这样的聚合物不会在水生环境中降解，尽管它们被混淆地标记为生态友好。这个漏洞将允许所有这样的生物塑料替代品，其中大部分同样不会在海洋中降解，所以该法案不会改变环境。突然有两项法案冒出来，有好的，也有坏的。2014 年 6 月 8 日，伊利诺伊州（Illinois）匆忙通过了第一项禁止微珠的法案。这是那个坏的法案，它定义塑料微珠为"任何有意添加的不可生物降解的固体塑料颗粒，粒径小于 5 mm，用于在冲洗产品中去除角质或清洁”，为所有生物塑料替代品敞开大门。

到 2014 年年末，包括佛蒙特州（Vermont）、威斯康星州、科罗拉多州、罗得岛州（Rhode Island）、印第安纳州和新泽西州（New Jersey）在内的几个州已经通过或正在考虑通过一项或另一项法案。但是加利福尼亚州的法案——好的法案——在 8 月的州参议院以一票之差落败。[①] 同样，纽约的好法案也通过了众议院，但在参议院却失败了。到目前为止，行业以其坏的法案赢得了胜利。

为什么这些微珠首先存在于产品中？这是市场垄断。塑料可以让消费者体验到鲜艳的紫色的、蓝色的、红色的和橙色的去角质剂，当珠子轻轻地滚动时，消费者感受到干净皮肤的清新感，据说还可以去除瑕疵。请记住，公司使用的砂、盐和其他每种天然替代品都是非常好的去角质剂，这是微珠被利用的另一原因：你需要购买更多种的塑料微珠产品来达到与几种天然替代品融于一个产品中时一样的清洗效果。

而且，使用塑料的话，生产商可以控制去角质剂的浮力，使颗粒漂浮在透明产品中，这通过透明塑料包装是可以看见的——另一个广告策略。

2015 年，加利福尼亚州组织起来了。反废弃物加利福尼亚人（Californians Against Waste）、清洁水行动（Clean Water Action）、乳腺癌基金（Breast Cancer Fund）、加利福尼亚保护选民联盟（California League of Conservation Voters）、冲浪者基金会、安全化妆品运动（Campaign for Safe Cosmetics）、生物多样性中心（Center for Biological Diversity）、野生生物保护者（Defenders of Wildlife）、加利福尼亚环境（Environment California）、治愈海湾、洛杉矶水保护（Los Angeles Waterkeeper）、自然资源保护协会、海洋保育协会、塞拉俱乐部、材料故事、五大流涡研究所都在行动。个人护理产品理事会知道其需要赢得加利福尼亚州，这是一个对全球经济的贡献为 7% 的州并常常引领国家政策。

理查德·布卢姆介绍了加利福尼亚州的 AB 888，这是一项新的禁止微珠

---

① 欧盟委员会正在通过要求欧洲化学品署审查在欧盟层面采取限制有意添加微塑料管制行动的科学依据。2019 年 1 月，欧洲化学品署提出在产品中限制微塑料方案，向禁止迈进。——译者

的好法案。它只专注于“冲洗掉的”化妆品（是一个缺点，尽管这是必要的妥协），但联盟坚持不允许生物塑料进入法案。我们新的活动总监——布莱克·科普乔（Blake Kopcho）带领五大流涡研究所行动，他说：“AB 888 已在其他许多州通过，它堵上了所谓的‘生物塑料漏洞’，它为国家抗击微塑料污染提供了最有力的保护。”

行业想要一种生物可降解的塑料聚羟基烃酸酯（PHA）被允许作为替代品，由于美国材料与试验协会（American Society for Testing and Materials，ASTM）7801 标准已经确定它在水环境中是可降解的，但恰巧的是，美国材料与试验协会标准于 2014 年到期。行业未能成功地更新它，任留它于困境，并允许我们声明：“没有生物可降解塑料替代品。”

无论如何，个人护理产品理事会引入了坏法案，它向加利福尼亚州的立法者散布关于 AB 888 的谎言，说其在科学上是错误的或是薄弱的，说伊利诺伊州的第一个法案开创了先例，说我们计划要禁止所有的天然替代品。个人护理产品理事会和强生的另一个策略是与加利福尼亚州的小型聚羟基烃酸酯制造商［如芒果材料（Mango Materials）］联系，说服他们相信这对业务不利，从而使他们反对 AB 888。起初，芒果材料的首席执行官莫莉·莫尔斯（Molly Morse）反对这项法案，但当活动家们向她展示了非政府组织对该法案的广泛支持，以此来呼吁她的环保理念时，她快速转变了。莫尔斯说：“有方法可以禁止由高持久性塑料制成的微珠，同时鼓励绿色材料的创新。”

个人护理产品理事会一直在争论 AB 888“会有抑制创新的反作用”，这是一些立法者一再重申的观点，证明他们正受到行业的“喂养”，试图将他们团结起来反对好的法案。[4]

但个人护理产品理事会正在失去优势。消费者们以压倒性的口吻说“停止在这些产品中添加塑料”。目前还没有可生物降解的聚羟基烃酸酯替代品的标准，而“好的法案”的倡导者们已经就一些立法者所要求的“创新途径”进行了策略性谈判，以便工业界可以在需要的时候发明替代品。切尔茜·罗克曼等科学家发表了政策简报和论文，估计每天有 80 亿个微珠进入环境。[5]个人护理产品理事会最终放弃了反对该法案的立场。奇怪的是，强生仍然反对这项法案。“为什么强生会继续反对一项仅仅要求他们做他们公开承诺的事情的法案？”五大流涡研究所的科普乔经常抱怨，指出了愿意与此政策抗争到死的行业的真实本色。

1个月后，2015年7月17日，加利福尼亚州参议院通过了在全国最强硬的法案，该州是美国最大的微珠市场。

所有的眼睛都盯向一项国家法案——H.R.1321，即2015年《无微珠水法案》(*Microbead-Free Waters Act*)，由新泽西州代表小弗兰克·帕洛内（Frank Pallone Jr.）和密歇根州代表弗雷德·厄普顿（Fred Upton）提交。这是比加利福尼亚州法案还要强硬的法案，时间期限很短，2017年1月1日起禁止生产，1年后全部从货架上移除。2015年12月7日，众议院通过此法案；12月28日，参议院通过此法案。它到了奥巴马总统的办公桌上，并在年末前被签署为法律。我们从科学到解决方案，正好是在萨姆·梅森发电子邮件后的4年2个月。

但为什么一个更强有力的法案能够获得全国的胜利呢？为什么它被推动得这么快，为什么行业会支持它？2016年3月，我和来自美国化学理事会的基思·克里斯特曼（Keith Christman）一起在杜克大学（Duke University）演讲，他说：“我们使这一切发生了。你真认为，如果没有我们的支持，微珠法案会顺利通过共和党相持的国会吗？”在加利福尼亚州通过这项法案之后，个人护理产品理事会和美国化学理事会发现全国范围内缺乏统一性；22个州通过或正在通过微珠法案，时间安排各不相同。这些团体认识到，通常的回收利用方法不适用于环境中的数十亿个微珠。行业已经只是对“冲洗掉的”产品做出了让步，保留洗涤剂、化妆品和喷砂磨料中的微珠。[6]美国材料与试验协会的标准已经过期，我们的科学是可靠的。一个强大的国家联盟在国会山（Capitol Hill）上找到了盟友，有强烈的统一信息，那就是坏的法案并不令人满意。但事实是，行业想要看起来像胜利者。加利福尼亚州是一个转折点，其没有得到其想要的法案，因此其想要得到那个赢了的法案。

正如我们的朋友加州大学洛杉矶分校（UCLA）环境与可持续发展副校长马克·戈尔德（Mark Gold）在谈到这场运动的集体努力时所说的：“你抓住了完美的浪潮。”

第 14 章　塑料迷雾

我们实际上不必通过射杀鸟儿将它们从天空移除。只要把它们的家或者食物拿走，它们自己就活不了了。

——艾伦·韦斯曼

《没有我们的世界》，2007 年

第 76 天：2008 年 8 月 15 日，距出发地 2 170 mile

大月亮（纬度 22°56′，经度 148°44′）

凌晨 1 点，我在掌舵。乔尔看上去像是一只溺水的老鼠。那场狂风让我爬了起来，很大程度上是因为 20 分钟的强风和汹涌的波浪。我们对彼此表达美好祝愿时我走入雨中，通常接下来会是一两个关于谁将首先看到陆地的笑话，罗兹可能会在哪里，以及在未来 8 小时内我是否能确保我们不偏航。几分钟后他就睡着了。

没有月亮。我可以看到远处风暴的闪光，以及在我面前升起的闪亮的星河。如同画在天空中长长的笔触，我们的星系银河系的剖面揭开了自己的面纱。然后随着月亮的升起，一道光辉开始在地平线上方若隐若现。它在筏正前方闪耀着，为我引导方向。凌晨 3 点，它隐藏在帆的顶部。当它出现在左侧时，则意味着我走得太偏北了。如果它出现在右侧，则是太偏南了。我用一只手操纵方向，追逐着月亮。

但我的肠道正在搅动。几天前，罗兹给我们留下了比我预计中更多的食物。当乔尔睡觉时，我站在食物堆前，在原始冲动下吞吃了 3 袋火鸡干。它们仍在我的肠道里。

我就着火鸡干吃了两顿考察餐，没来得及等速食米饭和干肉泡开，就狼吞虎咽地吃了。我慢慢吃了点 Larabars 营养棒作为甜点。在挣扎了几天之后，鱾鳅现在悲哀地被鞋带绑在栏杆上，在被抛弃后已经干透了。现在，乔尔睡着了，月亮升起，我的肠道继续强有力地搅动着。昨天的大部分时间里都是沉闷的疼痛。我不能喝足够多的水，也无法排泄任何东西。我真的没有喝很多的水。现在感觉好像有人在肚子里狠狠打了我一拳。

我应该叫醒乔尔吗？我还是等等吧。喝盐水刺激肠道是老水手的诀窍。起初，呕吐反射让我无法喝下去，但后来我灌了 5 杯。没有反应。太阳升起的时候，我已经消耗了满满的 3 瓶水，每次都吐。然后是一阵疼痛让我跪倒在地。

太阳在东方发着光，我背对太阳赤身躺在飞机机翼上。乔尔还在睡觉。风已经消失，所以我可以将方向舵每次锁定大约 15 分钟。我在冒汗。我尝试了几年前有人曾经向我展示的瑜伽技巧，其中包括像相扑摔跤手一样蹲下并快速挥动手腕，好像猛掰手指一样。如果乔尔现在醒来，他会为目击这个场景而感到震惊和困惑。什么办法都没用，我已经开始想能遇到的最糟糕情况。如果是食物中毒怎么办？我的肠道会不会已经因此出血？如果它根本无法好转并变得具有传染性怎么办？在担心和不知所措中，我突然想起几年前发生的类似情况。我在一个繁重的工作日吃了丰盛的三餐却没有喝水，结果是同样的疼痛。到退伍军人医院之后，一连串的灌肠让我身体畅通。但在海洋中我们却什么都没有。

然后我自己琢磨，我坐在 15 000 个瓶子上！我其实只需要坐在 1 个上面。于是我在左舷浮筒上撕开一个口子，拿出一个带着白色盖子的绿色 2 L 瓶子。我冲洗几次，然后用海水填满。我再次做出相扑选手的姿势，试图把瓶子拧进我的身体，第一个想法是真的很冷，第二个想法是我希望乔尔不要在这个时候醒来。足够注入后，我等待着，很快就成功了。想象一下《1812 序曲》[①]，炮弹射出炮筒。一阵兴奋和快速的咸水淋浴过后，我继续回去掌舵。

---

① 《1812 序曲》是柴科夫斯基于 1880 年创作的一部管弦乐作品，是为了纪念 1812 年库图佐夫带领俄国人民击退拿破仑大军的入侵，赢得俄法战争的胜利。该作品以曲中的炮火声闻名。——译者

“你怎么这么开心？”乔尔在上午 9 点接班时说道。

……这个故事让我想起了我与美国化学理事会的会面。

美国化学理事会塑料分会副总裁史蒂夫·拉塞尔传来口信：“我们有兴趣就我们有交集的方面讨论我们能否 / 如何合作。”这天是 2015 年 2 月 15 日，正好在我们的塑料微珠运动进程中期，也就是我们发表了关于全球海洋塑料的论文两个月之后。如果你看过电影《谢谢你抽烟》（*Thank You for Smoking*），会知道那部电影说的就是关于一个穿着得体、人前友善的人在国会山上游说大烟草[1]的政治讽刺故事，好吧，史蒂夫是那样的人：好看的年轻人，珍珠白的肤色，紧身西装——但是为了大塑料。说实话，我喜欢他。

我们引起了他们的注意。像批评现状的许多其他组织一样，我们通常像大公司墙上一只讨厌的苍蝇，但这次我们蜇到他们了。微珠运动击中了底线——因为它将减少社会对塑料的需求，并且公众正在关注这个问题。我们发表的研究结果成为广泛使用的传播和运动工具，在公众对一次性丢弃塑料的容忍度的棺木上又楔入了一颗钉子。潮流正在转变，行业的游说团体希望超越他们察觉到的对手。所以他们打电话和我们“聊聊天”。

不到两个月前，在 2014 年 12 月 10 日发布我们整体情况的论文的前一天，我走进位于华盛顿特区联合车站附近的会场，就在国会大厦隔壁的美国化学理事会主办公室所在的那条街尾。大型海洋政策组织（美国环境保护局、美国国家海洋和大气管理局、联合国开发计划署和联合国环境规划署）在那里讨论他们对塑料污染的立场，但在这个问题上，步伐快的科学前沿研究与已发布的科学论文和政策之间存在巨大差距。我说：“科学界同意海上微塑料是危险废物。你们同意吗，如果不同意，为什么？”只有联合国环境规划署和美国环境保护局做出回应；两者都认为了解得不够多。

12 个小时后，我们将宣布我们能知道多少——我们将发布首个对所有海洋中所有粒径的所有塑料的整体估计情况，这是来自 9 位科学家 24 次考察的

① 大烟草：指全球最大的烟草公司的名称。——译者

集体成果。这是五大流涡研究所所有考察的成果。这次发布在全球范围内成为媒体头条新闻，让前面走过的曲折长路完全值得。

2010年，对在赤道以南的3个亚热带流涡或北大西洋东部或西太平洋中的塑料毫无了解，导致人们对世界海洋中漂浮着什么进行了各种猜测。安娜和我看到了这个机会，我们自己在“海龙”号上航行穿过北大西洋亚热带流涡，“海龙”号由罗恩·里特及其组织泛大陆探险队拥有。这成为在全球开展的十几次考察中的首次。我们在爱德华·卡彭特38年前调查的同一水域进行了研究，但向东进入未知领域。

在接下来的5年里，我们越过赤道，驶过印度洋流涡、南太平洋和南大西洋流涡，逐岛而行，我们所到之处都是同样的焚烧、填埋策略。在复活节岛庞大的摩艾[①]的阴影下，碎片状的塑料被楔入玄武岩巨石之间，和夏威夷卡米洛海滩或南大西洋的阿森松岛（Ascension Island）一样。2011年3月11日，在人类历史上最严重的自然灾害中，9.0级的深海地震震动了日本，随后发生了海啸，造成近16 000人死亡。15个月后，我们从东京航行到夏威夷，途经海面下塑料碎片区域，以了解有关塑料持久性、碎裂情况以及塑料上的入侵物种迁移的更多信息。

在我们航行期间，科学的涓涓细流变成雪崩洪流，从全世界的大学中不断涌现。我们开始了解海上塑料被切碎并粉碎成微塑料的速度是多么快。海洋中的塑料总是在移动，有时是激烈的，并且逐渐变脆。塑料受到好奇的鱼类、海鸟、海洋哺乳动物和爬行动物的攻击；每个颗粒被数百万个的微生物侵占；并被浮游动物和其他滤食性动物（如藤壶和水母）吞食。遗留下来的可能在海面以下，在构成流涡的浅风力驱动洋流作用下，被深海洋流捕获并被广泛地带到世界各地。我们现在已经在冰芯、遥远的海岸和海底发现微塑料。我们花了3周时间沿着格陵兰（Greenland）的海岸线向北航行到冰岛，

① 摩艾（moai）是位于复活节岛的一群巨型人像，遍布全岛，是智利的旅游景色与世界遗产之一。——译者

其间我们与寒冷的风暴做斗争，并护理了一名因跌入驾驶舱而手臂骨折的船员，最后我们穿越过了亚极地流涡。我们在几乎所有样品中都发现了微塑料，即使在我们认为什么都没有的地方。哪里有海水，哪里就有塑料。

我们收集了查利・穆尔和汉克・卡森的北太平洋数据、弗朗索瓦・加尔加尼（Francois Galgani）的地中海数据、彼得・瑞安（Peter Ryan）的南大西洋和孟加拉湾数据、马丁・蒂尔（Martin Thiel）的南太平洋数据以及朱莉・赖塞尔（Julia Reisser）环游澳大利亚的数据，组成了庞大的数据集。合并后的数据集被提供给海洋洋流建模者劳伦特・勒布雷顿（Laurent Lebreton）和乔斯・博雷罗（Jose Borrero），他们制作了全球预测重量和数量的地图。我们做了一个估计，全球遭受 5.25 万亿个、总计 269 000 t 的塑料污染，这是以后几年有望倒推工作的基线。

我们在这个过程中有一些惊人的发现。我们将塑料分为 4 种粒径等级：小微塑料（0.33~0.99 mm）、大微塑料（1~4.99 mm）、中塑料（5~200 mm）和大塑料（大于 200 mm）。有趣的是，5.25 万亿个颗粒中有 92% 来自比一颗米粒还要小的微塑料，而 93% 的重量来自中塑料和大塑料。总重量的 58% 来自钓鱼浮标。（可以说他们的设计赢得了海洋持久性奖——一个由厚塑料制成的完美圆形球，被生物膜覆盖，几乎可以永存。）另外 20% 来自废弃的渔网和钓鱼线。

当我们比较 4 种粒径类别时，我们期望不同粒径类别的数量按金字塔形状分布，即顶部是大塑料，底部是数万亿个小微塑料。但与我们的直觉相反，小微塑料颗粒不到大微塑料的 1/100。由于某种原因，塑料污染的最小颗粒正在离开海面，这就提出了“它到底去哪里了”的问题。

我们从流体动力学中知道，真正的小颗粒受水表面张力的影响大于材料的浮力，这意味着即使聚合物通常是漂浮的，微小的水流也会将颗粒推向深处，远低于我们收集样品的水面的位置。此外，由于粒径较小，比表面积较大，因此只需要一些定居下来的微生物就可以使颗粒增重并下沉。[1] 同时，这些机械过程将塑料碎屑推向深处，生物过程发挥了作用。每隔几个月，全球海洋表面下的几百米范围内就会通过数十亿滤食性生物体循环一次，而这可能是海洋吐出塑料垃圾的最佳手段。我们现在认为，海洋中生物生产力最高的区域，也就是浮游植物和浮游动物生长繁茂的区域，可能会起到一种太空中“黑洞”的作用，从表面吸入漂浮的塑料颗粒并使它们像粪便颗粒那样被送到深处。颗粒也可能在下沉的身体死后随着它们葬入海底。这些塑料垃圾中最小碎片的垂直移动，再加上流涡下和全球范围内移动的深海洋流，已经将我们的废弃物扩散到各处。

我们需要新的比喻来描述海洋中的塑料。“垃圾带”或神秘的“得克萨斯州大小的岛”的旧观念是不合适的。它们没有反映塑料的分布、毒性或对海洋生物的广泛危害。想象一下，如果你能站在海底，抬头看到的只有塑料。你会看到亚热带流涡的 5 块巨大微塑料“云”和来自世界上最大的河流及人口最密集的海岸线较大塑料碎片的“乌云”。孟加拉湾、地中海等将拥有这个星球上最黑暗的“云”。你周围的一切都是一团尘埃状的微塑料碎片，这些碎片慢慢沉降在海底。预计这些 5.25 万亿个颗粒将构成某种“塑料迷雾”。

2015 年，我们第 3 次航行在北大西洋，乘坐 270 ft 高的船“神秘”号（Mystic），途经巴哈马和百慕大，从迈阿密航行到纽约。在收集了 37 个海面样品之后，我们在曼哈顿天际线的阴影下，在哈得孙河（Hudson River）撒下网，再多做一次采样。我们在该次采样中收集的塑料比之前的 37 个样品中的总和都多。我们收集到 400 多个塑料颗粒，以及雪茄过滤器、耳塞上的彩色棒、塑料牙签、安全套、亮粉色棉条辅助管和一些糖纸。在我们的“塑料迷雾”的比喻中，城市街道的排污管道和溪流是水平的“烟囱”，源源不断地排出大海中的“塑料迷雾”。

这一切都从上游开始，生活在陆地上的生物也不能幸免。

正如我在海湾战争中所记得的那样，科威特沙漠只有蓝色、灰色和米色色调的区别。25 年后，在 2015 年，我回到了这里，与一个小型团队执行一个非常与众不同的任务：保护而不是破坏，调查阿拉伯湾的科威特、迪拜、阿曼和卡塔尔海岸附近的微塑料。有数百万个新的颗粒覆盖海滩，显示了当地塑料生产商不受控制的塑料颗粒损失。塑料袋在高速公路上翻滚。

在迪拜，我们遇到了中央兽医研究实验室（Central Veterinary Research Laboratory）的兽医和联合创始人乌利·维尔纳（Ulli Werner）博士。他在28 年前来到这里，帮助谢赫·穆罕默德（Sheik Mohammed）为骆驼建造了世界上最好的诊所，这是谢赫的挚爱之一。维尔纳现在有 160 名员工、1 家巨大的医院、50 多头在住的骆驼，还有 1 家动物标本制作的诊所。我们走进了尸检室，看着他的 1 个兽医在解剖 1 头死骆驼。“我想给你看些东西。”他说，“但距离这里还有 1 小时的车程。”

我们驱车前往迪拜以东，远离了这座庆祝着前所未有的财富的现代城市的疯狂，我们在崭新的高速公路上路过了地球上最高的摩天大楼，经过了新的住宅和工厂，深入沙丘中，粉状砂堆积如沙丘浪，被风吹得褶皱。我们站在三层沙丘的阴影下，可以贴切地描述那儿为骆驼墓地。

“你来选。”维尔纳说，指着 8~10 块零散的半埋白骨头。我们跪在一旁。他递给我一根肋骨。

“开始挖吧。”他说，和我一起从肋骨挖到中心脊柱。

有一些腐烂的植物体。我想这一定是它的最后一餐，而后垃圾出来了。破烂的塑料袋一个接一个地出来。它们都被粘在一起，钙化成一团。数百个袋子形成了一个大垃圾堆。它是一半垃圾桶高、与桶盖同样大小的一个长方形团块。

“我 15 年前开始在医院里看到骆驼身体里存在这些垃圾。”他解释说，“现在到处都是。”

“这就是这些骆驼的死亡原因吗？”我问道。

“我不知道，但我知道我看到的一些生病的骆驼正是由于吃垃圾而渐渐死去的。”他回答道。他向我展示了一张年轻骆驼的照片，这匹进入他诊所的骆驼严重营养不良，很快就死了。尸检发现里面有大片的塑料和塑料袋。

“这些塑料以 3 种方式杀死它们。”他解释道，“塑料会造成阻塞，或者当骆驼们真正需要营养时，给骆驼带来虚假的饱食感，因此它们会营养不良、脱水。最后，塑料中浸出的化学物质会让它们中毒，或肠道被肠内垃圾中的细菌感染。”

塑料造成的污染是海洋问题，也是陆地问题。人类已经改变了地球的道路、矿山、建筑物、沟渠、水坝和垃圾场，不虚此名——人类世（Anthropocene）。由于快速进化或灾难性的灭绝，自然历史被生命的变化所打断，这些变化的证据有时是由保存完好、分布广泛的化石标记的。我们的化石等价物是什么？一些人认为是来自工业革命的炭黑（它出现在海底和冰盖中）或者是20世纪中叶核试验中的放射性同位素。现在，有了塑料的证据，塑料通过风和海浪迁移，将地球从海底覆盖到山顶，可以说塑料是代表我们的最佳标志化石。即使我们今天不再使用塑料污染地球，我们也将不得不和一层微塑料一起生活，它将代表自然历史中的此时此刻，而某一单一物质可以对地球产生短时的深刻影响。

我们开车穿越沙漠，空气中的塑料袋从我们身边吹过。在每个国家都有同样的场景：塑料垃圾完全覆盖栅栏、卡在树上，山羊和骆驼在垃圾堆里的脏物中觅食。

科威特是我的最后一站。科威特潜水俱乐部（Kuwaiti Dive Club）成员在科威特环境部（Kuwaiti Ministry of Environment）与我们会面，讨论他们在海滩和海底看到的所有塑料。我描述了多年前海滩的样子，当时伊拉克军队已经放置了数千个钢制路障和地雷，以防止美国海军陆战队登陆海滩。我是在沙漠中等待向城市发起袭击的其他海军陆战队士兵之一。

后来，我们沿着高速公路向巴士拉（Basra）方向行驶，这条公路与残余的伊拉克军队曾于1991年2月23日撤退的“死亡公路”是同一条路。伊拉克人被美国空军视为目标，后者轰炸坦克，还有至少300辆小汽车、公共汽车、豪华轿车、摩托车、出租车以及伊拉克人可以召集的任何其他车辆。他们中的一些人被弹到沙漠中；沿着高速公路还有100多人身上着了火。

“停车。”我说。我站在当年我曾经爬上的一辆满载着被火烧过的乘客的公共汽车的同一个地方。我睁开眼睛，除了道路、路灯和电源线之外什么也没有，就像我记得的那样。我带了一张照片来确认这个位置。我闭上眼睛，想起那个发现金条的海军陆战队士兵，肯定是从科威特掠夺的金条。我还记得那个躺在沙漠里的死人。为了愚蠢的纪念品，我抢了他的身份识别牌。我带走了他的家人了解他命运的可能性。我睁开眼睛，沙漠空无一人。我从口袋里拿出那些身份识别牌，递给哈米达（Hamida）和阿拉瓦（Arawa），这两个阿拉伯妇女负责帮助我归还。

阿拉瓦读了他的名字。“他是一名医生。他有 A 型血液。”她说，“我可以把它们带回伊拉克。我的叔叔经常去那里。”我把它们递给她。就这么简单。她几个月后给我发了封电子邮件，解释说她的叔叔把它们放在纳杰夫（Najaf）最大的清真寺的失物招领处。

汽车川流不息。我的记忆与大量的情绪一起涌动着。在这里发生了如此多的痛苦，这些痛苦今天在伊拉克仍然继续，美国历史上最长的战争仍在继续。我在这里遇到的人都很棒：贝都因[①]家庭带我到他们的帐篷里喝茶，我遇到的电影制作人带我回顾了他在整个职业生涯中的完整经历，年轻的艺术家在沙漠深处用熔融的瓶盖制作花瓶。

残余的悲伤变成和解和赎罪，新的使命出现了。我回到了海湾地区，更深入地了解什么值得为之奋斗。争取社会和环境公平是我们保护自己、社区和他人的生活的最好方式。一个训练有素的战士捍卫深刻的道德信念，并遵循自我的领导，只有在任务要求时才从别人那里获得指导。不需要用军服来证明。

美国化学理事会大楼是一栋巨石建筑，距离美国国会大厦仅几步之遥。史蒂夫·拉塞尔在会议室外面见到我们，在那里我们看到另外两个人在等待。

“那么今天我们要谈什么呢？”史蒂夫开场。这个会议是亲切的、好奇的、探索性的。

“我们来谈谈设计。你们说你们只代表塑料生产商，而不是产品，但是你们捍卫产品，比如袋子，并花很多钱去做这件事。”我说。

“是啊，他们生产塑料产品。”他回答说，然后跳到另一个话题，“那么，

---

① 贝都因人是以氏族部落为基本单位在沙漠旷野过游牧生活的阿拉伯人，主要分布在西亚和北非广阔的沙漠和荒原地带。“贝都因”为阿拉伯语译音，意为“荒原上的游牧民、逐水草而居的人”。——译者

你的下一次考察是什么时候？”

这个对话开始令人有种糟糕的初次约会的感觉，你在前 5 分钟已知道你们没有多少共同点，但你刚刚坐下来，还要在接下来的两小时里一起吃饭。

“我们有大考察即将开始。想一起吗？”我问道。这是真诚的邀请。我想要的只是让美国化学理事会中的任何人在海洋中的船上停留几周。我确定——我认真地觉得——我们会达成一个一致的关于我们如何对待地球的核心价值观。我之前有太多“非正式的”关于业内人士真正在想什么的谈话，在他们得知我知道他们有信托责任为股东赚钱后，这种谈话也就开始了。当你不用承担传统公司模式要求盈利的法律责任时，人性的基本面就浮出了。

“虽然我个人可能会就塑料袋的某些观点与你达成一致意见，我们确实需要聚焦”——这是政党路线——“回收再生的机遇，而不是对消费者征税。”对话似乎是谨慎的；这不是我预期中的责难或微妙的威胁。也许社交媒体泄密的持续性风险使人们保持谨慎。这与爱德华·卡彭特于 1972 年在伍兹霍尔与塑料工业协会的约会完全不同。但潜在的动机是很清晰的。

美国化学理事会想知道我们是否是威胁。我们是否制订了未来的活动计划，或者一些他们可以准备、资助和影响的研究计划，或者如果它正在威胁就破坏掉？我们会拿到“金胡萝卜”吗？

当话题涉及生产者责任延伸[①]时，语气发生了变化，就像这个词是异端一样。我们怎么敢进来提这些话呢？他专注地凝视着说：“我们永远不会支持生产者责任延伸法案。”故事结束。我们的会议结束。

这是自第二次世界大战以来行业策略的基石——消除负外部性的成本负担。它曾是 20 世纪 50 年代的浪费型生活。它曾是 20 世纪 70 年代“哭泣的印第安人”的广告，让消费者对乱扔垃圾感到内疚，使得消费者从更有意义的产品设计问题上分散了注意力。它曾是 20 世纪 90 年代席卷全美国的瓶子法案，并将瓶装废弃物的责任从行业转移到使用纳税人资金的回收利用项目。

---

① 生产者责任延伸（EPR）在德国、比利时等欧盟成员国实施。——译者

今天它是世界银行向小国家提供贷款，因此他们可以购买垃圾发电焚烧炉来燃烧垃圾并保持新的塑料生产。

这是线性经济和循环经济之间的巨大分歧。这是战场。零废弃运动正在增长。它是有组织的，它正在赢得胜利。

第 15 章 巨大的鸿沟：线性经济与循环经济

充斥在正统经济学中的线性、机械论的世界观，根本无法捕捉发达经济体节奏和波动的丰富性与复杂性。

——保罗·奥姆罗德（Paul Ormerod）

《经济学之死》（*The Death of Economics*），1994 年

第 85 天：2008 年 8 月 25 日，距出发地 2 540 mile

下午 1 时 45 分（纬度 21°19′，经度 156°42′）

“陆地！”乔尔大叫起来。

他看到了东毛伊岛（East Maui）云层之上的哈莱阿卡拉山（Mount Haleakala）的两翼，很快又看到了莫洛凯岛（Molokai）北部的悬崖。当我们意识到成功了时，我们在惊喜中咧嘴大笑，用无法言表的感激之情互相凝视着。如果一切顺利，我们将绕岛的北侧，钻入莫洛凯岛和瓦胡岛之间的凯维水道（Kaiwi Channel），直接进入怀基基。这至少提前了 4 天。我们停止了捕鱼并定量配给食物。我们都不写航行日志，也不做维护检查。如果我们需要的话，也许我们可以游到陆地上。

生活在我们的筏边界内的挑战似乎升级了。在桅杆被折断、筏被腐蚀、帆被扯破的时候，我们一看到陆地就有了安全感。这是戏剧性的心理转变，也许是虚假的安全感，就像我们看到似乎无穷无尽的陆地和海洋时所共有的虚假安全感一样。我们在“垃圾”号上见证了熵的实时展现，但社会很少看到生态变化，就像温水里的青蛙没有注意到水正在沸腾。文明已经到达了一个封闭系统的边缘，类似于我们筏 24 ft 长、20 ft 宽的边界——人口、资源稀

缺和污染正把这个系统推向极限。驱动这一无度的工业、技术和经济结构必须迅速进行自我改造。在我的有生之年（我出生于 1967 年），我目睹了地球上的人口从 40 亿人增加到近 80 亿人。现在出生的人不会再看到这样的翻倍。

“你登陆后打算做什么？”乔尔问。

“找沙拉。”我说，“你呢？”

“啤酒。”

“我们该怎么处理这堆垃圾呢？”乔尔问。他知道我们会把它留下，但我继续演下去。

“我们可以把那 15 000 个瓶子进行再生，换成你要的啤酒和沙拉。”

“不，那是不可能的，当地的焚烧炉会先把它们烧掉。”他半开玩笑地说。

夏威夷 H-Power 垃圾发电厂（H-Power waste-to-energy plant）建于 1990 年，耗资不到 1.5 亿美元，以减少瓦胡岛对垃圾填埋场的依赖并发电。除了危险品、放射性废物、解剖残骸和尸体外，它什么都能焚烧。2003 年，它焚烧了 111 ton 渔网，足够为瓦胡岛 42 户人家供电 1 年。[1]但这也有“投入或支付”配额，每年必须将 80 万 ton 的市政固体废物交付给运营该工厂的卡万塔（Covanta）公司。如果不满足废弃物配额的要求，城市必须为公司本应从焚烧废弃物中获得的能源销售收入买单。

这就是问题所在。这一配额最终破坏了回收再生和城市堆肥等零废弃策略，并妨碍了为禁止使用污染最严重的产品（如袋子、泡沫塑料板午餐容器）所做的努力。没有人愿意为未达到配额而支付罚金。我们正在失去海洋。

“镇上一定有个回收再生中心。”我说。

“似乎所有都会被烧掉。”乔尔继续说，并补充道：“你应该喂饱那个怪兽。”

我和乔尔在筏上所有的对话，以及我的同行和批评者（既有自然学家，也有实业家）的卫星电话和电子邮件都揭示了一些独特的差异，这是可以预料到的，但从本质上看，我们的观点似乎分成了两个截然不同的经济阵营。

塑料生产商在过去的半个世纪中一直享用线性经济模式，在这种模式下，塑料产品和包装被制造、消费、收集、焚烧或掩埋，以确保对新材料的需求。现在首选的循环经济模式对现状提出了挑战，它使用全生命周期设计、回收和再制造系统，将像塑料这样的合成材料维持在封闭的循环中。当这些不可能时，对环境无害的生物材料就会介入。循环经济降低了对新产品的需求，这两者在本质上有巨大的鸿沟。

线性经济和循环经济之间，塑料行业、焚烧炉行业和每个人之间，存在着巨大的鸿沟，在以下议题上这影响了所倡导的解决方案类型：

全生命周期设计与无规范设计之争。当设计考虑全生命周期时，制造商和设计师与回收商交谈，为产品的维修和再利用以及最终的材料回收制订计划。这些计划可能包括在整个产品中使用相同的材料，就像一个瓶子的标签、瓶身和瓶盖都由相同聚合物组成。全生命周期设计是为了减缓废弃物的产生速度——这与有计划的废率是相反的。

废弃物分流与废弃物清理之争。当可回收物和可堆肥物在你家里或办公室的收集点被分类时，更清洁、更有价值的废弃物回收流程就产生了。进入垃圾填埋场或焚烧炉的废弃物数量急剧下降，人们减少了对这些集中而昂贵的废弃物管理系统的需求。各行业倾向于先消费后清理策略，因为他们减少了对产品设计和监管的关注，并将重点转移到消费者的垃圾运动、废弃物管理和通过废弃物焚烧生产能源。

零废弃与废弃物变能源之争。这是行业与环境以及社会公平倡导者之间矛盾的前线。零废弃欢迎社区参与废弃物分类、回收和堆肥，它要求生产者对不适合系统的产品负责，而废弃物变能源是塑料行业对所有废弃物的解决方案——把它都烧掉——作为额外的好处，它使对新塑料的需求保持不变。废弃物变能源是有计划的废弃。但是它代价高昂、污染严重，且破坏了上游零废弃策略努力的成果。

生产者责任延伸与纳税人资金之争。最后“谁来支付？”行业已成功地将废弃物管理和回收等外部性负面成本以及对环境和人类健康的影响转嫁给公众。当生产者对其产品及其化学成分的整个生命周期负责时，用于回收和再

利用的设计达到最优化。但是，生产者责任延伸倡议遭到了行业的强烈反对，以避免为世界其他地区树立可以效仿的先例。

这 4 个巨大鸿沟的例子反映出行业内部维护现状的思想是多么根深蒂固。2014 年，欧洲塑料协会发布了年度报告，概述了塑料供需预测以及未来几年的挑战。[2] 自 20 世纪 50 年代以来，塑料产量以每年 4% 的速度增长，在 20 世纪 70 年代石油输出国组织（Organization of the Petroleum Exporting Countries，OPEC）实施禁运条令和 2008 年的经济危机期间略有下降，2013 年生产了超过 3 亿 ton 的新塑料。报告预测，如果这种增长速度持续下去，到 2030 年塑料年产量将接近 6 亿 ton，到 2050 年将超过 10 亿 ton。这种趋势是基于一些国家中产阶级的壮大以及全球人口的增长而预测的。但随着时间的推移，即便是这种需求也将趋于平稳。

要无限期地保证对新塑料的需求，唯一的方法就是通过焚烧、气化或热裂解破坏旧塑料（已回收的和可再生的塑料）的供应，基本上使上一年的塑料不具竞争力。对甾族化合物就是有计划的废弃。

几十年来一直是这样。再生一直就不是塑料工业的“亲生孩子”。几十年中的再生率一直很低。美国环境保护局 2013 年回收再生统计数据显示，聚对苯二甲酸乙二酯汽水瓶作为最具价值的消费后聚合物，也是再生最多的包装形式，有着 31.3% 的再生率，牛奶罐为 28.2%；全国所有塑料制品的平均再生率为 9.2%。[3] 如果你的孩子在阅读课、写作课和算术课得了这个分数，你会目瞪口呆。在 53 年的时间里，从 0 增长至 9.2% 是极大的失败。行业成功地延续了回收再生的假象，不是投资于再生，而是大量投资于优化新产品，行业希望让你觉得回收再生是好事而不是他们想让你回收再生。

在《2020 年零塑料填埋》（*Zero Plastics to Landfill by 2020*）中，欧洲塑料协会提倡关闭所有的垃圾填埋场，并在欧盟各国增强对废弃物变能源的信任。[4] 这一计划正在全球推广，但很难奏效。线性经济模式在无限资源和废弃物通过扩散及稀释可实现环境吸收的错误假设下不断发展，但现在我们意识到人口过剩、污染和资源短缺的压力，发展中国家的垃圾分类人员告诉世界其他国家要从上游解决这个问题。塑料工业能否转型为循环经济？也许吧，但如果我们不能快速而正确地做出反应呢？我们会失去什么？如果我们失败了，谁会遭受最大的痛苦？

2013 年，我在印度德里（Delhi）遇到了十几岁的米纳尔（Minar），他和外祖父、母亲以及兄弟姐妹住在维韦卡南达营地（Vivekananda Camp），靠收集、分类、转卖垃圾给中间人来维持家庭生计。我借了一辆摇摇晃晃的自行车，跟着米纳尔在城里转了一天。我想发现什么样的塑料制品和包装在经由亚穆纳河（Yamuna River）流入大海前最终被认为是没有价值的。我内心大致估摸了下米纳尔的志向和脆弱性，以及废弃物文化如何影响人们。米纳尔刚好出生在千禧年前。他的父亲在当地的一个建筑项目结束后失踪，留下他的家人住在帐篷里。目前他们已经升级到一个胶合板房间，里面有数百根细细的黑色电线，如蜘蛛网一般接入电网，当你走进营地时便需要躲开它。3 000 人住在一个方形街区里，这里有一个由市政府管理的卫生间设施，还有每周两次的水罐车送水服务。小巷形成了由人和废弃物组成的障碍物训练场地。

当地的垃圾被倾倒在营地的一个角落里并被分类，然后被送往一个主要的垃圾填埋场。当我和米纳尔骑上我们的双轮脚踏车时，一群孩子聚集在我们身后，他们大笑着，很快就把新袋子撕成了碎片。当我回头看时，孩子们手上戴着蓝色的和紫色的手套，站在从他们发现的医疗废物中取出的一堆脏纱布和绷带上。

在滚烫的阳光下，米纳尔停下脚步，把他看到的每个聚对苯二甲酸乙二酯汽水瓶都拿了起来，但从来没有拿过塑料袋。他解释说："袋子很脏，而且我没有时间停下来拿，否则我会错过价值 10 倍的瓶子。此外，一点沙子可以使一个袋子的重量增加一倍，如果我把它卖给我的买主，他们会认为我是个骗子。"我们停下来去捡一堆垃圾或去打开垃圾箱。公路边上散落着一堆紫色的茶杯，于是我们停下来收集杯子和吸管。米纳尔说："只有当它们都在一起并且我能很快收集很多时，我才有必要停下来。"到那天结束的时候，我们塞得满满的袋子比他还高。他把瓶子倒在他妈妈脚边，把标签拿掉，再进行分类。在我离开之前，他非常自豪地向我展示了他的新身份证。在德里人的眼中，他是一个废弃物管理者，一个有重要贡献的公民。我认为米纳尔是一名垃圾清洁工，而不是拾荒者或拾废者。他向我展示了我从未意识到的现实，对此我很感激。（多年后，我邀请米纳尔带领德里一所富裕学校的当地学生和教育工作者在校园里散步，看看他将拾起和不拾起什么——一堂关于“全生命周期设计”的课以及对他生活的深刻洞察。）当我们坐在路边吃点心时，他嘲笑我骑自行车跟不上他。在最后我们握手的时候，我感到很惭愧，他对社会的重要贡献竟然被忽视了，这是不可理解的。身份证只是开始。

巴拉蒂·查图维迪（Bharati Chaturvedi）是钦坦（Chintan）组织的负责人，该组织致力于为印度 150 万以收集废弃物为生的人争取平等和人权。她在新德里（New Delhi）的办公室说：“因为没有身份证，拾荒者们一直被忽视，在生活中他们没有医疗保健，遭受垃圾污染与中间人、警察和其他人的暴力虐待，妇女和儿童忍受着极大的痛苦。”查图维迪最近加入了全球焚烧炉替代联盟关闭德里东南部一家不合格垃圾发电厂的行动中，那里的棕色火山灰和呛人喉咙的烟雾像雨点一样落在当地居民身上。[5]

“在德里，我们现在有 6 000 级台阶高的垃圾。”她解释说，并补充道：“我们已经开始拆解电子垃圾，并将厨余垃圾堆肥。”垃圾的生命周期充满了许多不公平现象，部分原因是种姓制度使得处理垃圾的服务价值被低估。但要真正理解这一点，巴拉蒂建议我们去印度最大的垃圾填埋场，于是我们就沿着蜿蜒的道路行驶，很快到达一座垃圾山的顶部，这座垃圾山有 1 km 多宽，有 12 层楼高。狗和牛在燃烧的废墟中游荡，垃圾回收者在寻找没人想要的塑料薄膜残余物。这座山的底部有一个贫民窟社区，该社区建在木制平台和人行道上，下面就是渗滤液细流流入附近的支流，然后直接流入亚穆纳河，再向前流入恒河（Ganges）。

据估计，德里每天产生 9 000 ton 垃圾——几乎所有垃圾都堆放在不合格的垃圾填埋场里——产生一种碱性渗滤液，里面满是重金属、硝酸盐、氯、铁和硫酸盐。[6]在附近，我们参观了一个奶牛就生活在垃圾填埋场里的牛奶厂，它离学校很近。我们走进一间仅由一扇开着的窗户照亮的黑屋子，一位老师正坐在地板上给8~10个来自贫民窟的孩子朗读。他们几乎都在不停地咳嗽。

“这些孩子大多贫血。由于垃圾填埋场持续燃烧塑料产生的烟雾，他们患上了呼吸道疾病。他们有胃病，有的因帮助父母在垃圾填埋场捡垃圾而受伤。”巴拉蒂解释道。钦坦有一个名为“让垃圾堆里没有孩子”（No Child in Trash）的项目，该项目涵盖了使孩子留在学校的费用，并为他们提供一直到毕业所需的资源和物质。[7]否则，他们的命运很可能是遭受身体的虐待与感染，以及因捡拾塑料垃圾在路边游荡而不断受到伤害或死亡的威胁。她解释道：“钦坦正在创造结束这种循环的方式。”

从米纳尔和巴拉蒂那里我了解到，当线性经济系统失效时，社会公平和环境公正之间存在着复杂而清晰的关系。你必须同时为环境和最弱势群体的权利而战。只对其中一个进行处理，另一个便会承受更多。想象一下水坝有两个漏洞。把你的手指放在其中一处去堵住水流，压力就会积聚在另一处。

2015年10月5日，美国国务卿约翰·克里（John Kerry）在智利举行的“我们的海洋”（Our Ocean）会议上发表开幕词的前一周，海洋保育协会和麦肯锡商业发展中心（McKinsey Center for Business Development）在美国化学理事会、可口可乐和陶氏化学公司的支持下，策略性地发布了一份名为《遏制浪潮》（*Stemming the Tide*）的文件。[8]这次会议的主题是全球海洋保护政策，会议的重点是三大主题：过度捕捞、海洋酸化与气候变化和海洋塑料污染。几周前，美国大使馆邀请我和佐治亚大学的环境工程师查利·穆尔与詹娜·詹贝克访问智利的3个城市，在会议之前面对学术界、公众、行业团体就塑料污染科学发表演讲。

海洋保育协会的文件提出了一项计划，目标是在东南亚建立大规模的垃圾发电焚烧厂，除其他废弃物管理策略外，将每年在5个国家投资50亿美元以实现到2050年将流入海洋的塑料减少50%的目标。

该计划主要基于詹贝克的一项研究，该研究列出了20个最大的塑料污染国，预估全世界有 480 万~1 270 万 ton 塑料排放到海洋中，其中 5 个亚洲国家（中国①、越南、泰国、菲律宾和印度尼西亚）的塑料排放量占到了 49.5%。[9] 詹贝克的结论基于 192 个国家的数据，包含与这些国家的废弃物管理策略有关的信息和人均废弃物产生情况，重点关注了生活在距海洋 50 km 以内的人口。她的研究没有包括拾荒者在回收可回收物方面的重大贡献，也没有讨论他们没有回收的不可回收物的设计缺陷。公正地说，詹贝克的工作为我们了解海洋塑料污染的来源起到了很大帮助，尽管她仅使用了 192 个国家的常用数据。但因为所提供的数据主要有关消费者习惯与垃圾管理，因此她的工作深受行业喜欢，使得这又唤起 20 世纪 70 年代“哭泣的印第安人”广告中的主题和“人类导致污染”的口号重现。

约翰·珀金斯（John Perkins）的《一个经济杀手的自白》（*Confessions of an Economic Hitman*）直接地表明，塑料行业策略通过非政府组织（例如海洋保育协会），鼓动发展中国家承担巨额贷款从而补贴美国和欧洲的公司，使他们建造并非真正需要的废弃物变能源焚烧炉。上游政策研究所的马特·普林德维尔（Matt Prindiville）说：“这是塑料行业与垃圾焚烧行业间罪恶联盟的一部分。”他们锁定废弃物量配额，以获得销售权并确保投资者的回报，同时在此过程中打破已经公开实行的零废弃策略。

他们争辩说我们需要废弃物变能源焚烧炉去处理发展中国家那些堆积的垃圾，而当这些国家转向循环经济时，他们将移走焚烧炉。但是这一争议被视为“特洛伊木马”：企业坚定地认为建造昂贵的基础设施将成为废弃物管理的现状，近乎不可能根除。相反，零废弃支持者主张在制定长期策略的同时，应控制和整顿当前的废弃物量。

几天之后，218 个环保组织与一些机构领导以个人名义签署了一封公开信，对海洋保育组织的倡议提出质疑，他们认为如果该想法实施，则会影响

---

① 根据 Bai 等（2018）的研究，中国 2011 年流入大海的废塑料量为 54.73 万 ~ 75.15 万 t，远低于詹贝克的预估。2020 年后数量还将下降。

见 Bai Mengyu，Zhu Lixin，An Lihui，Peng Guyu，Li Dao ji，2018. Estimation and prediction of plastic waste annual input into the sea from China[J]. Acta Oceanologica Sinica，37(11)：26-39.——译者

环境与社会的公平。[10]尽管说其是“清洁技术”，但欧洲和北美的现代焚烧炉一贯未能达到排放标准，同时在中国有40%的焚烧炉甚至没被监控①。[11]健康问题持续困扰着社区，因为在焚烧炉附近的人群中出现癌症集发群。[12]这封公开信问道：“在编写这份报告时是否考虑过在上述国家，公民正在努力推广不依赖焚烧的解决方法，而且他们可能不希望污染和有毒技术出现在他们的社区中？这些国家正在实施数百个以社区为基础的分散处理与收集、增加资源回收、堆肥、再循环和减少废弃物的解决方法，为数百万废弃物工作者提供了商机，并且正在以仅相当于建造焚烧炉所需费用的一部分来维持。”

安娜在“我们的海洋”会议中代表五大流涡研究所。她说：“非政府组织对海洋保育协会《遏制浪潮》的快速回应是人们谈话的主题。”塑料污染团体现在与零废弃和社会公平组织达成一致。

在“我们的海洋”会议召开几个月后，安娜和我与全球焚烧炉替代联盟的克里丝蒂·基思（Christie Keith）及莫妮卡·威尔逊（Monica Wilson）和地球母亲基金会（Mother Earth Foundation）的主席弗洛利安·格拉特（Frolian Grate）坐在我们的后院，他们是日益壮大的运动的领袖，我们一同了解有关菲律宾零废弃的替代废弃物产生、消费、填埋处置和焚烧的线性系统的工作方案。

在本世纪初，预计有60%的菲律宾家庭焚烧他们的垃圾，43%的家庭将垃圾非法倾倒在河流中，把所收集到的剩余废弃物大规模堆积在填埋区，直到垃圾堆的崩塌掩埋了数百个拾荒者和他们的孩子。2001年颁布的《共和国法9003》（*Republic Act 9003*）提出一项更具循环性的废弃物管理策略，包

---

① 2014年，环境保护部修订了《生活垃圾焚烧污染控制标准》，规定新建生活垃圾焚烧炉自2014年7月1日，现有生活垃圾焚烧炉自2016年1月1日起执行该标准（http://www.mee.gov.cn/ywgz/fgbz/bz/bzwb/gthw/gtfwwrkzbz/201405/t20140530-276307.shtml）。自2020年1月1日起，通过生态环境部搭建的统一平台，生活垃圾焚烧发电厂主动公开其烟气排放5项常规污染物和炉膛温度的自动监测数据，接受社会监督。截至2020年6月1日，我国在运行的垃圾焚烧厂总计455座，过去5年间垃圾焚烧厂数量的年均复合增长率为15.6%（http://www.envsc.cn/details/index/6714）。——译者

括废弃物减少、分类、回收与堆肥的计划。菲律宾是第一个全国性禁止焚烧的国家，其现在正处于通过分散的废弃物管理和建立地方材料回收设施（MRFs）实现零废弃的道路。现在有 275 个村庄和 15 个城市使用零废弃材料回收设施，垃圾填埋的废弃物平均转移率为 92%，菲律宾人不希望焚烧炉重返。这对社会有较好的影响：从前的垃圾拾荒者现在负责挨家挨户的教育、分类和收集工作，从而创造了就业机会。运输垃圾的燃料成本骤降。在圣费尔南多（San Fernando），当地的废弃物变能源厂关闭，理由是“供给燃烧的垃圾不足”，这些零废弃策略在全球范围是可拓展的。

在世界各地，全球焚烧炉替代联盟和数百个草根组织共同努力，彻底改变了废弃物的管理方式以及对待废弃物管理者的方式。[13] 在印度浦那（Pune），拾荒者主要是女性（三分之一的人被丈夫抛弃或离婚），她们通常每天工作 10 个小时或更长时间，从区域垃圾场的可回收垃圾中赚取 1 美元多一点的收入。在不断受到疾病和医疗废物针头伤害的威胁下，她们最终在 1993 年联合起来，并获得了免于向贪腐警察与废弃物处理人员行贿与被强暴的保护。她们拿到了身份证，工资翻了一番，并且在上世纪末之前，她们获得了政府的医疗保健，从衣衫褴褛的拾荒者变为废弃物管理人员。

在智利的拉平塔纳（La Pintana），一种新的废弃物处理方法始于厨余和庭院垃圾，这些垃圾占城市垃圾总量的 55%。在以前的系统中，所有种类的混合垃圾被直接倒在 22 km 以外的一个垃圾填埋场，同时这个城市几乎花费了其环境预算的 80% 用于废弃物管理。一夜之间，随着公共教育和当地收集计划的开展，其将超过 20% 的废弃物流引向堆肥并最终成为城市公园和农场生产的肥料。每天 1 000 L 的油炸废油被转化为生物柴油，在 2010 年平均每天为城市节省 754 美元，这也减少了通往垃圾填埋场道路上的卡车成本。

2003 年，当中国台湾因垃圾填埋场面积有限而面临危机时，其颁布了一项新的废弃物管理策略——取代之前计划的焚烧炉发展，选择高效的回收、再生、源头减量和堆肥的方式。[14] 又使学校摆脱了一次性餐具，并减少使用一次性杯子和袋子。其建立了电子废物的生产者责任延伸制（EPR），为产生废弃物支付费用（称为“随投随付”），甚至在餐馆里倡导重复使用和“索取提供”的筷子，每年从废弃物中去除 350 ton 的筷子。其在本世纪第一个 10 年中将其年废弃物产生量减少了 75 万 ton，而地区生产总值却近乎增长了 50%。[15] 这表明将人均废弃物产生与地区生产总值相等同已不再是恰当的关联。

全球焚烧炉替代联盟的这些例子都表明，焚烧在很大程度上是不必要的。与焚烧带给公司的财务负债、废弃物配额和废弃物债务的负担相比，可供选择的零废弃策略提供了更具战略性、经济性、长期性的方法。这里有比燃烧塑料获得所需能量更聪明的方法。短期内对焚烧的依赖会破坏为未来实现零废弃、可持续城市所做的努力。

必须指出的是，并非所有的废弃物变能源技术都是相同的，在废弃物流的最末端，它们的位置有限。像气化和热裂解这样的技术与焚烧垃圾有很大的不同。[16] 2010 年，我访问了热裂解（Pyrogenesis），这是一家在蒙特利尔（Montreal）的工程公司，该公司采用等离子气化技术。在这种过程中，等离子体电弧就像闪电一样，在 5 000℃的温度下快速消灭垃圾。窑炉看起来就像一个大垃圾桶，里面有两根碳棒，两根碳棒之间形成了弧形。该公司已将这些系统安装在嘉年华游轮上，以结束向岛屿倾倒垃圾或将臭垃圾带回陆地的昂贵做法。此外，美国空军和美国海军已经购买了这些系统，在海外行动时以摧毁敏感材料和废弃物。当我问值班经理气化炉工作时可以摧毁什么，他回答说：“几乎什么都可以，所有的塑料、轮胎、电脑，甚至是死的家猫。”几乎所有的分子键都被破坏，剩下的大部分都是一氧化碳和氢气。这种主要的混合物如果冷却得慢，会重组形成有毒的二噁英和呋喃，于是系统会有一个淬火槽，几乎瞬间将温度下降到 200℃。这种被称为“合成气”的气体混合物可以在常规发电机中被二次使用——用于发电。Pyrogenesis 的人声称：“如果你把足够的塑料投入到热值很高的有机化合物中，你从合成气中获得的净能量可能会超过对气化炉的原始投入。”窑底遗留下的东西看起来就像黑玻璃，实际上是混合了灰分、金属和其他杂质，这些东西可以被碾碎并合法地用作道路集料。

热裂解是一种完全不同的过程[①]，在这个过程中塑料被熔化成气体，并像煤油一样作为液体燃料被浓缩和收集。当我参观俄亥俄州阿克伦（Akron，Ohio）的沃德克斯能源（Vadxx Energy）时，我觉得这个热解聚装置看起来就像是美国宇航局的火箭测试引擎。这是他们第一次希望在美国各地建设许多塑料转化能源装置。“塑料越清洁越好。”首席执行官吉姆·加勒特（Jim Garrett）解释说，他补充道：“但是我们实际上可以利用所有不能回收再生的塑料，这包括运往印度等的废塑料包，设计上‘不可再生的’塑料制品和包装在这里可以转化为燃料。”

所有这些从废弃物变能源计划的共同点是它们比零废弃策略的污染更大，而且非常昂贵，同时每个项目都有一种金融模式，大量的投资和稳定的塑料废弃物流才能使它们在化石燃料价格的波动中运作和盈利。当出现财政债务和高额的废弃物配额时，谁来支付呢？对社区、人民健康和生计又有什么影响？上游策略现在和将来会失去什么机遇呢？

如果说这些技术在废弃物管理中有一席之地，很久之前零废弃策略就会把可回收利用的东西取出，使所有的天然有机物都能被堆肥。如果废弃物变能源系统破坏了当前为源头消减所做的努力或者阻碍了环保计划的实施，那么就不能使用它们。它们必须根据需求进行调整，而不是附带废弃物配额。废弃物变能源必须制定高的工作安全标准，并满足环境和社会公平的关注，并且必须由客观的第三方对两者进行评估。首先，建立有机堆肥的基础设施与可回收物市场，这意味着制定要求在产品中含有消费者后内容[②]和考虑易循环性的全生命周期设计的政策。这些都是需要克服的巨大挑战，但它们对每个人来说都更便宜、更健康。

这必须在我们开始讨论废弃物变能源问题之前很早就完成，但这不是容易的事情。许多城市正在探索能合理达到 70%~80% 的垃圾填埋场转换率并

---

① 热裂解属于化学回收，指使用已有技术和新兴技术重新高温分解聚合物，使得废塑料回到它们的基本化学构成，其品质与新料相似，减少使用化石燃料资源。——译者

② 消费者后内容（postconsumer content）是指生产者回收消费后的产品，再进行使用。这是对回收体系一个非常大的挑战。——译者

可以通过限定使用的技术从剩余的20%~30%（称为“残余物”）中提取能源的方案。一些城市官员说：“填埋热值是没有意义的。”

但是这些残余物也可以被永久地保存。在大多数情况下，如果我们在城市中采用零废弃策略，并且精通替代能源的生产，我们就会发现燃烧废弃物以获得能量会付出更高的“成本”，而不是“收益”。

因此，如果我们要向循环经济转型，就必须组织起来，通过施加政策和公众压力抵制产业策略，同时支持为之铺垫道路的企业模式。

艾伦·麦克阿瑟基金会的2016年报告《新塑料经济》建议在全球范围内实施塑料包装的用后经济。[17]这与海洋保育协会《遏制浪潮》相对立，但是基金会限制其与环境倡议组织的合作。在布鲁塞尔召开的由欧洲塑料协会主办的2016年聚合谈话会议（PolyTalk 2016 conference）上，我和艾伦·麦克阿瑟基金会执行主管安德鲁·莫莱（Andrew Morlet）一起作为嘉宾参与讨论。安德鲁说：“我们相信如果要以一定速度推动系统性变革，就必须将塑料流动、系统损失和污染问题置于更广泛的经济背景下。”这一背景包括三方面：改善废弃物管理，促进产品和包装的全生命周期设计，以及将塑料与化石燃料脱钩。因此我问：“如果我们不使用立法政策来清除主导市场的污染产品，那么更好的产品将如何竞争？”

“我们认为这是绝对关键的，同时我们致力于将此作为我们的塑料经济议程的一部分，但这不是我们所要引领的核心关注或议题。”他回答说，并补充道：“像你们这样的组织能胜任这样的角色。”如果艾伦·麦克阿瑟基金会以政策为导向，行业会逐渐离去。

虽然艾伦·麦克阿瑟基金会是盟友，但其采取的方法是不同的。《新塑料经济》是关于行业正在向其他商业模式转型，这些模式的运行是按供应链可以通过消费者形成逆向价值链来管理材料，比如“租赁”产品而不是拥有产品，同时提供更多的产品升级和维修而不是强调有计划的废弃。它是关于营造管理塑料循环流的商业案例。艾伦·麦克阿瑟基金会报告提到全球范围内至少四分之一的塑料包装不能进行经济的再生、再利用或易回收——例如小型塑料制品、叠层材料和污染的食品容器——他们建议行业必须彻底改造将这些产品交付给消费者的方式。激励回收的堆肥、单聚合物和非叠层的包装提供了经市场检验的替代方法。

但是现状必须受到迎头挑战。我们必须制造更少的材料。在循环经济中，这个循环圈能有多大？即使是地球上最高效的废弃物管理系统也无法处理 2050 年的 10 亿 ton 新塑料。认识到行业总是会促进更多，我们必须为制造更少废弃物而斗争。

海洋塑料污染运动现在加入了零废弃和垃圾收集倡导团体，它们在哲学上与气候变化团体和那些致力于减少我们产品中有毒物质的团体保持一致。这场运动在远远的上游活动，远离了那些认为我们可以在海洋中用渔网解决问题的人。这就是 E. O. 威尔逊所谓的“一致性”，“其目的是实现服务于人类状况无限改善的所有知识链的渐进统一”。在封闭系统的约束下使所有生命都有尊严地存在是真正的循环经济的本质。

行业清楚有组织的运动和群众动员的威胁，并且目睹了草根运动在世界各社区取得的成功。单看美国，夏威夷于 2012 年成为第一个全岛同时禁止塑料袋的州。2014 年，旧金山禁止在政府属地上出售塑料水瓶。2016 年，纽约市禁止泡沫塑料食品容器，同年晚些时候，正如前文指出的，在行业强制公民投票后，加利福尼亚州支持全州范围内的塑料袋禁令。行业变得越发聪明。塑料行业正在推动由美国立法交流理事会（ALEC）起草的“禁止塑料禁令”立法。但是草根运动正在组织并反击。

2016 年，上游政策研究所召集了 18 个北美非政府组织，包括五大流涡研究所，以寻求结成统一和可扩展的策略联盟。[18] 联盟意在协调针对最大污染者的团体运动。与此同时，塑料运动结盟项目（Plastic Movement Alignment Project，PMAP）在菲律宾马尼拉（Manila）组织了一次会议，吸引了超过 50 个来自零废弃、反焚烧和塑料污染社区的团体，这些团体与社会公平组织一同做出策略性响应，积极努力停止在东南亚各地建造焚烧炉和推广零废弃策略替代方案。包括全球焚烧炉替代联盟和材料故事在内的多个组织已经成为全球运动先锋。塑料污染联盟是第一批将各团体聚集在一起的组织之一，创建了在线论坛以分享策略。也有分享和引领公民参与的其他论坛，包括海洋碎片信息（Marine Debris.info）、无垃圾水体、让废弃物智慧（Be Waste Wise）——每个都提供研究、网络研讨会、信息以及行动的交换平台。

2016 年 9 月 15 日，“我们的海洋”会议再次召开。这次有一个由数百个非政府组织组成的联盟策略性地发布了一份以“摆脱塑料”（“Break Free from Plastic”）为主题的愿景宣言。弗洛利安·格拉特和其他人在台上讨论零废弃策略。话题正在转移。科学研究者说“我们知道的足够多，可以去做了”。主导行业将污染归咎于公众的说法正在转变为新的说法，即行业必须承担绝大多数的污染责任。运动就在这里。

我们处于正在转型的文明，因此受到封闭系统约束，无法忽视社会、生态、政治和经济的压力。面对化石燃料行业影响政策的挫折以及特朗普（Trump）时代说客的利益，环保运动已经很好地建立起来，正在成长，将会克服一些困难。

当然，我们想要的是循环经济，在这个循环经济中，历经长长的回收到再制造后，有毒物质将不会出现在我们接触、食用和饮用的东西中，也不会对任何人造成伤害。发展循环经济意味着为民主而斗争，并要求企业对那些废弃物承担责任。我们如何在未来 10 年内解决这个巨大的鸿沟，将很可能决定我们在本世纪余下时间中如何管理废弃物。

第 16 章　设计革命

“遵守”并不是愿景。

——雷 · 安德森（Ray Anderson）

《一个激进工业家的商业教训》（*Business Lessons from a Radical Industrialist*），2009 年

桌上陈列着一些我们熟悉的来自夏威夷卡米洛海滩的物品，有降解的玩具、瓶子和瓶盖、荧光棒、小浮落网以及印有文字的板条箱碎片。它们被安放在玻璃盒中，像是馆藏的艺术品。“你知道这儿吗？”苏菲问道。

“是的，我们去过好几次了。”我看了看这些在海里历经数月或数年后外层覆盖着苔藓动物的破碎玩具并回答道。苏菲 · 托马斯（Sophie Thomas）是一位循环经济设计工程师，并且是大回收（Great Recovery，总部设在英国）的前主管。她将这些塑料带到这儿，希望能激发一些关于设计的讨论。

我们当时正在布鲁塞尔参加 2016 年聚合谈话会议。会议由欧洲塑料协会赞助，该协会是欧盟最大的塑料制造商贸易团体，类似于美国化学理事会。令人惊喜的是，协会邀请了评论员讨论垃圾问题。

当天早些时候，我在会议上，走到中央舞台并向公众展示了一个来自迪拜的重 45 lb 的骆驼胃石，并宣布：“这就是糟糕的设计带来的后果。”我将这块胃石举过我的头顶，听到有人倒吸凉气。我补充道：“如果没有法律规定减少这些失败的设计，那我们将无法给优秀设计提供公平竞争的环境。”

苏菲是听众。过了一会儿我问道：“你认为应当如何解决这个问题？”

“塑料污染确实是上游设计问题带来的后果。”苏菲回答道。在管理大回收项目时，她曾带领学生去伦敦的填埋场和老康沃尔锡矿，并开展“拆卸”活动，拆解各种生活用品，从洗衣机到收音机、内衣、钢笔、石油钻塔，了解这些物品是如何制造的，如何更好地设计制造。一只鞋可能由金属、木头、

皮革、卡纸、聚氯乙烯、织物和橡胶制成，由几乎不会坏的胶水将这些材料融合在一起；一台笔记本电脑中有来源于数十个国家的100多种化学成分。苏菲说："我们不是在设计可以二次回收利用或三次回收利用的材料。"

苏菲向我们讲解她的学生设计团队是如何从填埋场中抢救出一个因为消防安全标志被撕掉而不能由慈善组织合法转售的沙发，沙发本身完好无损。"将标志贴在织布上，这就是设计上的问题。"苏菲说。设计团队用两小时将沙发拆解，将涤棉外罩和泡沫填充物分开，把毡垫上的塑料编织带拆下来，还有把纸板支架上的涤纶衬垫、钢弹簧上的金属夹子、胶合板框架和订书钉上的粗麻布衬底拆下来。"拆解所需的劳动力超过了沙发本身可再利用的价值。"苏菲说，"不经意间，设计就产生了浪费。"

我看着她的那些卡米洛海滩陈列品，说道："所以你会用不同的方法来设计这些东西，是吗？"苏菲已经在会议室外的休息厅设立了展览。她穿着得体，一头金发披在背后，有着一双蓝眼睛。我可以想象她穿越沙滩收集那些被冲上岸的垃圾的画面，正如我和安娜所做的，或在齐膝深的填埋场和她的学生一起挖掘器具并指出设计缺陷。

"为延长使用寿命和可修复而设计，租赁其所有权，在回收前再利用，并使其易于拆解，这就是好的设计。"苏菲回答，"我们迫切需要所有的设计师都参观全生命周期设施，这样他们才能亲眼所见自己的设计选择决定了产品将成为废弃物还是可用材料。他们必须计划考虑产品的最后阶段。"

"但你不认为这些想法违背了有计划的废弃？"我问道。

"现在的问题是，还有其他的有计划的废弃：技术上如新软件和升级覆盖旧软件，心理上如因流行时尚而淘汰旧产品（'粉色是新的流行色'），以及传统设计的缺点等。人们对最新产品的需求是永远存在的。"苏菲答道。

有计划的废弃促使了廉价的化学品生产和产品设计，将对材料和废弃物管理的责任转移给公众。废弃物变能源看似企业集中的有计划的废弃，实则破坏了实现循环经济的动力。

聚合谈话数月后，我向英特飞公司（Interface，Inc.）的罗布·博加德（Rob Boogaard）询问有计划的废弃。他解释道，英特飞公司生产的小方地毯使用期长达 15 年，此后公司会将其回收，但设计师的时尚观念会大大缩短产品的使用期（这点对衣服来说也是同样，“传统时尚”的合成纤维纺织品产生大量微纤维垃圾）。“我们公司的小方地毯概念允许顾客更换地毯磨损的部分，而非掀起整块儿地毯。”博加德说。这说明，服务可以替代销售，延长产品寿命，使得有计划的废弃延期。

博加德继续解释了理解产品制造整个过程的重要性，如原材料的提取方法、环境持久性以及使用化学物质的健康影响，运输部件以装配及销售产生的碳足迹和使用期的社会公平影响，如为工人提供合理的薪资和医疗保健。为了减小这些生命周期影响，英特飞公司采用以回收的渔网为原料的尼龙，并为老旧产品设置回收方案。英特飞公司在荷兰的一家工厂正采用 100% 可再生能源，生产过程几乎不使用水，实现零废弃填埋。

苏菲提到：“我希望通过一部法律，要求所有产品设计方案必须包含二次利用、三次利用。在二次利用方案中，你在问自己：‘如何延长产品寿命并设立回收产品进行再利用的系统？’在三次利用中，你在设计时会尽可能考虑最大化利用材料价值，保持价值尽可能高，因为降级产品将产生垃圾（如混合或不可分离材料，或复杂拆解）。”苏菲说：“比起关注售卖灯泡、轿车、床垫，人们应当更多地去思考如何更好地提供照明、交通和舒适的睡眠。利润来源于长久地满足顾客的需求，而不是把所有心思放在售卖那些设计失败的产品上。这样，生产者管理着物质流，制订回收利用的计划，无论是租车还是小方地毯。”

为了弥合线性经济和循环经济思维之间的巨大鸿沟，我们必须改变上游产品设计，并“超越工程质量和安全规格的基准线，以考虑环境因素、经济因素和社会因素”，正如保罗·阿纳斯塔斯（Paul Anastas）和朱莉·齐默尔曼（Julie Zimmerman）在《12 条绿色工程原理下的设计》（“Design Through the 12 Principles of Green Engineering”）一文中所述。[1] 周全的方法是考虑生产所需材料的化学成分、产品设计、生产流程，以及管理物质流如何回收进入生产周期的系统，这一切都是在对人类和环境无伤害的背景下——从总体上说是良性的。

《大枢纽》(*The Big Pivot*)的作者安德鲁·温斯顿(Andrew Winston)提议另一种做生意的模式：共益企业(benefit corporation，B Corp)，使公司承担与利润动机平等的社会或环境公平的使命。[2] 迅速变化的消费者群体通过沟通更紧密地联系在一起，迫使企业变得透明和负责，并合乎道德操守。共益企业是鸿沟的桥梁。

2010年，安娜和我结识了包装2.0(Packaging 2.0)的首席执行官迈克尔·布朗(Michael Brown)，他是一位年近60岁的男人，同时是一个狂热的水手、设计和系统思想家，比安娜和我加起来更有智慧和精力。他的公司是罗得岛州第一家共益企业，提供消费后可100%回收的聚对苯二甲酸乙二酯。仅在2013年，迈克尔就回收了100万lb聚对苯二甲酸乙二酯并制成1 000万个可回收包装，如全食超市里可见的沙拉容器。他的公司把海洋保护放在其章程中的首位，支持像我们这样的组织。他曾两次和我们一起航行穿过海洋流涡。

"你必须将一些东西还回去。"我们正从北大西洋流涡中筛出一些塑料时迈克尔说，"以牺牲环境为代价获利是不合理的。"他的公司的目标是通过设计更好的产品、标签以及分类系统，将聚对苯二甲酸乙二酯在全国范围内的回收翻倍。他是一位模范首席执行官。

此外，还有许多像Ecovative的公司，在产品和包装中运用化学。任何设计师做出的首要决定都是关于化学的(包括开采、钻探和收获都是提供原材料)以及这些材料是如何影响工人的。这是了解"真正成本"的开始。自2006年起，Ecovative从菌丝体(蘑菇的结构单元)中收获包装材料，公司很快与戴尔(Dell)和箱桶(Crate and Barrel)公司签订合同，提供一种人们可以在自家花园里堆肥化的生物材料，以替代传统的泡沫塑料。从那时起，Ecovative发明了注入菌丝体的木浆来制造地板和墙砖(菌丝体是"大自然的胶水")，免除了使用甲醛将木屑粘在木板上的全行业做法。他们将毒物从生产过程中排除。

聚羟基烃酸酯(PHA)是一种具有一定应用前景的可生物降解塑

料。美塔波利斯公司（Metabolix，是美国最大的聚羟基烃酸酯制造商）的约翰·范·沃尔森（Johan van Walsem）解释这种聚合物可以在哪里使用："当你需要功能性生物降解的时候，聚羟基烃酸酯是非常理想的。这功能部分需要在自然环境中运作，但要么不切实际，要么回收成本很高。我们的客户来自园艺、水产等行业，他们以这种方式在土壤和水中使用聚羟基烃酸酯。"他描述了聚羟基烃酸酯如何替代聚乙烯作为咖啡纸杯的内层薄膜，或作为农用薄膜在农场中使用以除草和保水。

化学只是开始。"要让整个价值链上的人参与到产品的整个生命周期中来。"苏菲解释道。一位回收商可能会对产品设计师说："你能用螺丝代替订书钉或胶水吗？这样我就可以把它分开。你能只使用一种塑料喷涂整个产品吗？而不是多种材料或由纸、金属和塑料组成的融合层这样的无法分离的材料。"只使用一种塑料会使整个产品更有价值。例如，设计更薄的塑料瓶身可能是一个很好的营销策略，但正如微塑料的重要研究者理查德·汤普森所说："如果你不收集它，谁会在意'薄壁'呢？更好的办法是回收 100% 的 100 g 塑料瓶，而不是回收 50% 的 50 g 塑料瓶。"

将产品推向市场的整个过程所需的全部成本包括一切事物和每个人对创造产品并最终拆卸产品的影响，都需要与产品本身的利益进行权衡。如果你发明了一种能效高的 LED 手电筒，但其本身的生产过程就产生了大量的碳足迹并遗留了有毒物质，谁还在意你的发明？

除了生产过程，我们还需要关注系统：在消费者使用完产品之后，材料的流动会发生什么变化呢？系统是否已经到位（比如瓶子付费、企业回收计划和其他零废弃策略）？谁在塑料瓶的另一端？

化学、产品、生产过程和系统是重新改造塑料在社会中的使用的四大干预点。

我们希望看到世界上的变革驱动力是设计出更聪明的备选方案的聪明头脑、以身作则的公司，以及为可减少污染者并使竞争环境变得公平的立法政策而奔走的组织者。没有他们，有计划的废弃和焚烧填埋的线性经济将占上风。美国化学理事会不断将废弃物和有毒物质的负外部性责任推到消费者身上，但消费者无法独自推动变革。

并不是消费者不在意，而是短期需求通常起主导作用。2011 年，安娜和我在辛辛那提（Cincinnati）中心宝洁大楼结识了宝洁的首席执行官鲍勃·麦克唐纳（Bob McDonald）和全球产品管理及可持续性副总裁莱恩·索尔斯（Len Sauers）。这座巨大的灰色摩天大楼恰如其分地代表了宝洁这个全球巨人，公司每年销售价值 800 亿美元的消费品，其中大部分的包装并没有全生命周期计划。根据宝洁的广泛的市场分析，索尔斯说："绿色一代和千禧一代所说的话与他们如何花钱是不一致的。"

宝洁和其他 20 世纪的大型公司一样，在环境和社会公平问题上缺乏自我管理。尽管英特飞、包装 2.0、Ecovative 等公司是有力的特例，彻底的运动对产生巨大转变是至关重要的。

2009 年 2 月，安娜和我应邀去洛杉矶的托马斯·斯塔尔·金中学（Thomas Starr King Middle School）演讲。我记得有一位 12 岁的学生说："我们将使用可重复使用的托盘。"这指的是班级在自助餐厅收集的 3 000 个泡沫塑料午餐托盘。学生们将这些托盘清洗并捆在一起，挂在操场的 3 根树枝上，看上去像一条巨大的矩形蛇。

"学生们都意识到了自助餐厅会产生多少塑料垃圾。"老师安娜玛丽·拉尔夫（Annamarie Ralph）说道。在洛杉矶以及全美的学校里，通常都用泡沫塑料盛装学校午餐，并使用塑料叉、塑料吸管和用小塑料袋包装的餐巾纸，甚至连牛奶都装在塑料袋里，像一只水球。此外，比萨饼或玉米煎饼漏出的油从新的泡沫塑料中吸收大量的苯乙烯单体物质，提供了低剂量的可疑人类致癌物质。最终，所有这些塑料制品都被丢弃了，这又给学生们上了隐藏的一课——浪费是可以接受的。

那些泡沫塑料被挂在树上 3 年，其间学校改用了可重复利用的托盘和刀叉，每年节省了 12 000 美元的开支。2012 年 8 月，我们与两名洛杉矶市政厅官员重访这所学校，一同去的还有洛杉矶统一学区主管约翰·迪西（John Deasy），他说："从这一天起，洛杉矶统一学区就不再使用泡沫塑料午餐托盘了。”整片学区在公众舆论的压力下选择了可堆肥的托盘。

4 年后，包括洛杉矶和纽约在内的 6 个学区，合力找到 1 种独家供应的可堆肥食品托盘，其价格可与泡沫塑料相媲美。坚持为良好的商业理性辩护产生了很大的影响。

由康拉德·麦克伦领导的当你播种参与了公司对话和股东宣传。通过成为麦当劳的股东，他们在公司内部进行了投票，并成功地不再使用泡沫塑料汉堡容器。由丹妮拉·拉索（Daniella Russo）创立的超越塑料思考（Think Beyond Plastic）是一个设计竞争和商业加速器项目，支持将塑料替代品推向市场。

这些企业策略的努力与立法政策运动正共同发挥作用，为因毒性和数量庞大而污染环境的塑料瓶、吸管、袋子、微珠和其他数百种一次性抛弃型产品固有的常见设计缺陷建立更广泛的网络。

建立更广泛的网络意味着在塑料污染运动中形成一个更广泛的联盟，协同行动，并使用政策来达成协议。

运动正如火如荼，并越来越强大。

必须全球化的是我们的思想，而非材料。

结语　拥抱

<u>第 88 天：2008 年 8 月 27 日，距出发地 2 600 mile</u>

午夜，距怀基基 5 mile

（纬度 21°27′，经度 157°84′）

怀基基的光穿透过午夜的雾气。由于岛屿之间的海流相互挤压，“垃圾”号以 3.6 kn 的速度穿越莫洛凯海峡，于是我们又有了新的纪录。

“我想我看到他们了。”我说。乔尔在 VHF 电台与他的朋友聊天，他们在阿拉维港的一艘叫“石井”号（Ishi）的帆船上，那个码头边同样停靠着乔尔自己的帆船。他们的导航灯依稀发出红光。

经历了 88 天，跨越了 2 600 mile 的开阔海域。从第一周的希望破灭到我们的筏被海浪击散，经历了 4 次横扫我们的南方飓风，后来居然在不知名的地方与罗兹·萨维奇偶遇，不出意外的话，我们明天会回到那个充斥着闹铃、日历、汽车和鞋子的世界。我想念我的家庭，还有新鲜的蔬菜和运动。但是未来我是否会有回到筏上的念头，哪怕只有一分钟？答案是肯定的。未来几年将有很多事情发生。

8 年后，也就是 2016 年 6 月 1 日，我将收到来自关岛（Guam）的友子（Tomoko）的一封信：“你好，马库斯，我的儿子和我在一个捡到的漂流瓶里看到了你的信。”那个漂流瓶是我在离开墨西哥湾时扔进海里的，那时我们刚意识到可能将要在海上漂泊数月而不仅仅是几周。褪去了字迹的部分已经看不清了，“我亲爱的安娜，此刻，在太平洋中的某个地方，我的心为你时时牵动”。信的最后写着：“愿这夜晚赐你好梦。那么下次再见了，我的爱人。”

罗兹和我将在会场上一次次见面。至于戴维·德罗思柴尔德，在他成功地驾驶着他用塑料瓶做成的船“普拉斯提基”号航行到澳大利亚后，我们也将会见到彼此，并且拿我们之间曾经的矛盾来打趣。乔尔和我将时不时地碰面，我们会把筏带到各处去，甚至是带到加利福尼亚州萨克拉门托的州会议大厦的台阶上，以为州立塑料袋禁令辩护。在塑料垃圾漂浮筏一年后，安娜和我将踏上“垃圾”号的宣传之旅，在西海岸进行为期两个月的巡回演讲。我们将在大苏尔[①]找到俯瞰太平洋的好地点，并且穿着由我们的好朋友黛安娜·科恩（Dianna Cohen）富有艺术性地缝制的塑料燕尾服和西装，黛安娜也是塑料污染联盟的艺术家和联合创始人。安娜的父亲后来把我拉到一边说：“私奔不算数，我想亲自把我女儿交到她的新郎手中。”我知道他最终也会那样做的。

在阿姆斯特丹举行的2011年荷兰可持续发展会议（2011 Netherlands Sustainability Conference）上，我将有幸与我的朋友兼导师查利·穆尔同台演讲，并将介绍五大流涡研究所在第一次的航行中的最新发现。之后，安娜和我将前往法国去探望家人，在这次旅途中，我们的女儿阿瓦尼（Avani）悄悄地降临了。我知道在我认识这个孩子之前，我就已经爱上了她。安娜像是发光一般地迷人。她常常脸上挂着微笑，轻抚着自己的肚子。这个孩子在安娜温暖的子宫里徜徉着，安娜的身体是保护阿瓦尼的摇篮，但是一些合成化合物仍侵犯到阿瓦尼的健康成长。只要我们还活着，我们就有义务保护这个孩子。为了照顾我们的孩子，我们同样必须要照顾我们兄弟姐妹和邻居的孩子。如果我们的女儿走过完整的一生，那么到她88岁时，她将见证22世纪的开始，同时，对安娜在她的身体负担测试后发现的合成化学物所做的纵向实验也将会一直存在于阿瓦尼身体中。对她这一代人来说，这将意味着什么样的结果？

这一生将见证什么？我们是否已经突破人口过剩、生物多样性丧失、资源稀缺、贫困和污染等前所未有的挑战，一道拥抱生活在封闭系统的信条？

在这些全球问题的背景下，我们的塑料垃圾漂浮筏冒险到底意味着什么？20世纪初，人类开始了一系列的野外探险之旅——攀登山脉、南北极探

① 大苏尔（Big Sur）指美国加利福尼亚州著名的1号公路，从旧金山往南去，一路蜿蜒，有着让人凝神屏息的壮美景象。——译者

险和环绕太平洋之旅。但随着合成化合物时代的恶劣影响渗透到全球范围，野外现在已变成垃圾最多的地方。《塑料垃圾漂浮筏》这本书所要讲的故事不同于以往。那些早期雄心勃勃的征服野外自然的探险已经转换成为保护自然的急迫需要。现代冒险家必须成为传递更大的运动的理念的一部分，并且是不可或缺的一部分。

草根运动正在共享资源、策略和思想，并在国际上组织起来。所以，你也可以积极投入自己的时间和金钱，建立联系，争取零废弃的生活。

我们不希望看到一些人预测的“堡垒社会”（fortress societies）会出现，隔离主义和封闭国家其实是挣扎着住在一个巨大的由陆地、海洋和人组成的废墟中。我不相信我们将会踏上这条道路。农业革命后是工业革命和科技革命，之后将是再生的革命。工厂制造的那些材料如瘟疫般污染着海洋，那么人类会愿意拥抱一个全新的时代吗？我把这封公开信拿出来。

致美国化学理事会的公司成员

亲爱的股东们：

过去的商业模式对环境和人类生活的外部成本未知或者被忽略，必须由循环经济取代，不危害任何人或生态系统，以维系我们的生存。从资源稀缺、人口密度、污染和生物多样性丧失的角度来看，塑料行业在没有造成危害的情况下是可以存在的，但是一定要对其安全性有所投入。

为什么要与那些为人类争取清洁的环境、共同的尊严和民主的上百个社区组织做斗争？烟草行业花费数十亿美元在法律费用、游说立法者和误导公众的宣传活动上，但是仍然输了。

相反地，拿出与承诺维持现状体系所需要的相同数量的资金，投资建立循环经济的商业模式。真正的循环经济将有两方面影响：良好商业的馈赠和我们生物圈的改善。

因此，我们必须拒绝有损他人生命的商业模式。首先，修改你的公司章程，变为共益企业。遵循生产者责任延伸的原则，为所有的塑料制订全生命周期计划。

现在，你们的决策将影响本世纪所有的人，包括未出生的后代。

真诚地，

全体成员

安娜现在正乘着“石井”号朝我们赶来。她一小时前才从洛杉矶飞来，我们所有人都低估了将我们拉过岛屿的急流。她跑过檀香山的机场，来到路边，一辆车正在那儿等着她，把她带到码头以加入迎接团队里。

“我们得离开我们的船了。”乔尔说，商量着各种方式。我们的筏现在漫无目的地漂浮着。此时，乔尔满脸笑容，因为回到岸上后他将和他的亲密朋友们在北海岸共度这个夜晚。迎接团队的人沿着我们的左舷慢慢靠近。欢呼声如雨扑来。

我能看见安娜在船头跳来跳去。当我抓住栏杆时，我已到了船尾。我穿过甲板，跌跌撞撞地跑到驾驶舱中央，和她在半路相遇。我的胳膊伸向她，紧紧地将她抱住。

我比任何人都爱她。这令我联想到人类经历中难得而完美的时刻，当两个人内心相互确信可能彼此分离，只有再次重逢，才会比想象的更强烈。

致谢

在过去的10年里，我和许多人一起度过了海上时光，我感激他们每个人，感谢他们指导了我对这个问题的思考。我感谢我的朋友、导师查尔斯·穆尔船长，感谢他对我初涉这个领域时的耐心指导，以及爱德华·卡彭特为我铺路。我还要感谢彼得·斯特兰杰（Peter Stranger）和迈克尔·布朗，他们证明了“顺从”并不是未来。我要感谢唐·麦克法兰为我们指出了“前进”方向，随后我们直奔夏威夷；我要感谢哈米达和阿拉瓦邀请我重返科威特；还有史蒂夫（Steve）、阿提库斯（Atticus）和关岛的友子，他们替我将8年前我放进漂流瓶里寄给安娜的信完整地送还到了安娜手里。2016年，我见到了苏菲·托马斯，并与她进行了非常宝贵且持续的设计对话。南希·布赖恩（Nancy Bryan）也是我必须要感谢的人，她为我的书做了准备工作，以及灯塔出版社的威尔·迈尔斯（Will Myers）在出版过程中向这个故事里加入了他富有洞察力的理解。感谢五大流涡研究所的工作人员，感谢你们一直支持我，在一起我们就会更强大；感谢我的父母、兄弟、姐妹和家人，感谢你们对我的信念的支持，即使这个信念不知将我带向何处。

我永远感恩乔尔·帕斯卡尔，感恩他对“垃圾”号的信念并且甘愿为其冒生命之险，他教会了我许多许多。他是一名真正的水手，也是一名真正的环保主义者。同样，因为那场意义深刻的会见，罗兹·萨维奇在我心中永远有一个特殊的位置，并且我们的生命会有更多美妙的交集。

虽然“垃圾”号的成功归功于许多原因，但我也必须要感谢妮科尔·查特森、乔迪·莱蒙、兰迪·奥尔森、戴维·海尔瓦格（David Helvarg）、摩天楼基金会、巴塔哥尼亚和冲浪者基金会。

当我第一次在查利的厨房遇到安娜的时候，我就认定她是我生命中的唯一，如果她愿意让我陪伴在她左右，我将义不容辞。安娜，谢谢你同我分享了精彩的生活。

注释

第 1 章　合成的大海

1. Midway Atoll National Wildlife Refuge and Battle of Midway National Memorial，“Laysan Albatross，” US Fish & Wildlife Service，June 2016，https：//www.fws.gov/refuge/Midway_Atoll/wildlife_and_habitat/Laysan_Albatross.html.
2. National Academy of Engineering，“Petroleum Technology History Part 1—Background，” http://www.greatachievements.org/?id=3677.
3. Curtis C.Ebbesmeyer and Eric Scigliano，*Flotsametrics and the Floating World：How One Man's Obsession with Runaway Sneakers and Rubber Ducks Revolutionized Ocean Science*（New York：Harper Collins，2009）.
4. World Shipping Council，“Survey Results for Containers Lost At Sea—2014 Update，” http://www.worldshipping.org/industry-issues/safety/Containers_Lost_at_Sea_-_2014_Update_Final_for_Dist.pdf.
5. Jeremy Green，“Media Sensationalisation and Science，” in *Expository Science：Forms and Functions of Popularisation*，vol.9，*Sociology of the Sciences*，ed.Terry Shinn and Richard Whitley（Dordrecht：D.Reidel，1985），139–61.
6. Edward J.Carpenter and K.L.Smith，“Plastics on the Sargasso Sea Surface，” Science 175，no.4027（1972）：1240–41.
7. David G.Shaw and Steven E.Ignell，“The Quantitative Distribution and Characteristics of Neuston Plastic in the North Pacifi c Ocean，1985–88，” in *Proceedings of the Second International Conference on Marine Debris，2–7 April 1989，Honolulu，Hawaii*，ed.R.S.Shomura and M.L. Godfrey（Hawaii：US Department of Commerce，1990）.
8. Mathy Stanislaus，*Advancing Sustainable Materials Management：Facts and Figures 2013; Assessing Trends in Materials Generation，Recycling and Disposal in the United States*（Washington，DC：US EPA，June 2015），https://www.epa.gov/sites/production/files/2015-09/documents/stanislaus.pdf.
9. National Oceanic and Atmospheric Administration，“Marine Debris Research，Prevention，and Reduction Act，” http://marinedebris.noaa.gov/sites/default/fi les/MDAct06.pdf.

第2章　垃圾与流涡

1. United Nations Environment Programme, *Marine Litter: A Global Challenge* (Nairobi: UNEP, 2009), http://www.unep.org/publications/search/pub_details_s.asp?ID=4021.
2. Kathryn J.O'Hara, *A Citizen's Guide to Plastics in the Ocean: More Than a Litter Problem* (Washington, DC: Center for Marine Conservation, 1988).
3. Anthony L.Andrady, "Microplastics in the Marine Environment," *Marine Pollution Bulletin* 62, no.8 (2011): 1596–1605.
4. Jeannie Faris, "Seas of Debris: A Summary of the Third International Conference on Marine Debris," in *Seas of Debris: A Summary of the Third International Conference on Marine Debris*, ed.Jeannie Faris et al. (Seattle: Alaska Fisheries Science Center, 1994).
5. Christiana M.Boerger, Gwendolyn L.Lattin, Shelly L.Moore, and Charles J.Moore, "Plastic Ingestion by Planktivorous Fishes in the North Pacific Central Gyre," *Marine Pollution Bulletin* 60, no.12 (2010): 2275–78.
6. Peter Davison and Rebecca G.Asch, "Plastic Ingestion by Mesopelagic Fishes in the North Pacific Subtropical Gyre," *Marine Ecology Progress Series* 432 (2011): 173–80.
7. Amy L.Lusher, Ciaran O'Donnell, Rick Officer, and Ian O'Connor, "Microplastic Interactions with North Atlantic Mesopelagic Fish," *ICES Journal of Marine Science: Journal du Conseil* 73, no.4 (2016): 1214–25.
8. Murray R.Gregory, "Environmental Implications of Plastic Debris in Marine Settings—Entanglement, Ingestion, Smothering, Hangers-On, Hitch-Hiking and Alien Invasions," *Philosophical Transactions of the Royal Society of London B: Biological Sciences* 364, no.1526 (2009): 2013–25.
9. Chris Wilcox et al., "Threat of Plastic Pollution to Seabirds Is Global, Pervasive, and Increasing," *Proceedings of the National Academy of Sciences* 112, no.38 (2015): 11899–904.
10. C.M.Rochman et al., "Anthropogenic Debris in Seafood: Plastic Debris and Fibers from Textiles in Fish and Bivalves Sold," *Scientifi c Reports 5* (2015).
11. Mark A.Browne et al., "Ingested Microscopic Plastic Translocates to the Circulatory System of the Mussel, *Mytilus edulis* (L.)," *Environmental Science & Technology* 42, no.13 (2008): 5026–31.
12. Yukie Mato et al., "Plastic Resin Pellets as a Transport Medium for Toxic Chemicals in the Marine Environment," *Environmental Science & Technology* 35, no.2 (2001): 318–24.
13. Emma L.Teuten et al., "Transport and Release of Chemicals from Plastics to the Environment and to Wildlife," *Philosophical Transactions of the Royal Society B: Biological Sciences* 364, no.1526 (2009): 2027–45.

14. Stephanie L.Wright et al., “Microplastic Ingestion Decreases Energy Reserves in Marine Worms,” *Current Biology* 23, no.23 (2013): R1031–R1033.

15. Kosuke Tanaka et al., “Accumulation of Plastic-Derived Chemicals in Tissues of Seabirds Ingesting Marine Plastics,” *Marine Pollution Bulletin* 69, no.1 (2013): 219–22; Adil Bakir et al., “Enhanced Desorption of Persistent Organic Pollutants from Microplastics Under Simulated Physiological Conditions,” *Environmental Pollution* 185 (2014): 16–23.

16. Chelsea M.Rochman et al., “Polybrominated Diphenyl Ethers (PBDEs) in Fish Tissue May Be an Indicator of Plastic Contamination in Marine Habitats,” *Science of the Total Environment* 476 (2014): 622–33.

17. Kim G.Harley et al., “PBDE Concentrations in Women's Serum and Fecundability,” *Environmental Health Perspectives* 118, no.5 (2010): 699.

18. Lucio G.Costa and Gennaro Giordano, “Is Decabromodiphenyl Ether (BDE-209) a Developmental Neurotoxicant?,” *Neurotoxicology* 32, no.1 (2011): 9–24.

19. James M.Coe and Donald Rogers, “Impacts of Marine Debris: Entanglement of Marine Life in Marine Debris Including a Comprehensive List of Species with Entanglement and Ingestion Records,” *in Marine Debris: Sources, Impacts, and Solutions*, ed. Coe and Rogers (New York: Springer, 1997), 99–139.

20. Susanne Kühn, Elisa L.Bravo Rebolledo, and Jan A.van Franeker, “Deleterious Effects of Litter on Marine Life,” in *Marine Anthropogenic Litter*, ed.Melanie Bergmann, Lars Gutow, and Michael Klages (New York: Springer, 2015), 75–116.

21. David K.A.Barnes, “Biodiversity: Invasions by Marine Life on Plastic Debris,” *Nature* 416, no.6883 (2002): 808–9.

22. Dale R.Calder et al., “Hydroids (Cnidaria: Hydrozoa) from Japanese Tsunami Marine Debris Washing Ashore in the Northwestern United States,” *Aquatic Invasions* 9, no.4 (2014): 425–40.

23. Sam Chan et al., *Non-Indigenous Species Transported on the 2011 Japanese Tsunami Debris: Considerations for a Natural Disaster Driven AIS Pathway of Emerging Concern* (Corvallis: Oregon State University, 2013), http://www.icais.org/pdf/2013abstracts/4Thursday/B-10/0950_Chan.pdf, accessed September 30, 2016.

24. Miriam C.Goldstein, Henry S.Carson, and Marcus Eriksen, “Relationship of Diversity and Habitat Area in North Pacifi c Plastic-Associated Rafting Communities,” *Marine Biology* 161, no.6 (2014): 1441–53.

25. Miriam C.Goldstein and Deborah S.Goodwin, “Gooseneck Barnacles (*Lepas* spp.) Ingest Microplastic Debris in the North Pacifi c Subtropical Gyre,” *PeerJ* 1, no.12 (2013): e184.

第3章 前进

1. *Cola Kayak*，online video，Amphibious Productions，January 1，2005，https://www.youtube.com/watch?v=nZY9rlEHYi8，accessed October 1，2016.
2. Togeir Higraff，*Rafting to Easter Island*，2016，viewed January 1，2016，http://www.kontiki2.com/.
3. Joseph Smith，*The Book of Mormon* 1 Ne.18：5，8，23（Carlisle，MA：Applewood Books，2009）.
4. DeVere Baker，*The Raft Lehi IV*：*69 Days Adrift on the Pacific Ocean*（Long Beach，CA：Whitehorn Publishing，1959）.
5. Santiago Genovés，*The Acali Experiment*：*Five Men and Six Women on a Raft Across the Atlantic for 101 Days*（New York：Crown，1980）.
6. Carpenter and Smith，"Plastics on the Sargasso Sea Surface，" 1240–41.
7. National Research Council，*Petroleum in the Marine Environment*（Washington，DC：1975），6; K.G.Brummage，*What Is Marine Pollution?Symposium on Marine Pollution*（London：Royal Institute of Naval Architects，1973），1–9.
8. R.Michael M'gonigle and Mark W.Zacher，*Pollution*，*Politics*，*and International Law*：*Tankers at Sea*（Berkeley：University of California Press，1981）.
9. Andrew J.Peters and Ans Siuda，"A Review of Observations of Floating Tar in the Sargasso Sea，" *Oceanography*（2014）：217.
10. George Lakoff，*Don't Think of an Elephant! Know Your Values and Frame the Debate*：*The Essential Guide for Progressives*（White River Junction，VT：Chelsea Green，2004）.
11. National Oceanic and Atmospheric Administration，The *Honolulu Strategy*：*A Global Framework for Prevention and Management of Marine Debris*（2011）.

第4章 垃圾收集癖：我们对东西的痴迷

1. "Throwaway Living，" Life，August 1，1955，43–44.
2. Teresa Davis and David Marshall，"Methodological and Design Issues in Research with Children，" in *Understanding Children as Consumers*，ed. David Marshall（London：Sage，2010），61–78.
3. T. Bettina Cornwell et al.，"Children's Knowledge of Packaged and Fast Food Brands and Their BMI：Why the Relationship Matters for Policy Makers，" *Appetite* 81（2014）：277–83.
4. Daniel Hoornweg and Perinaz Bhada-Tata，"What a Waste：A Global Review of Solid Waste Management，" Urban Development Series Knowledge Papers 15（2012）：1–98.
5. Stanislaus，*Advancing Sustainable Materials Management.*

6. DuPont USA, “Innovation Starts Here,” http://www.dupont.com /corporate-functions/our-company/dupont-history.html, accessed October 6, 2016.
7. Don Whitehead, Dow Story: *The History of the Dow Chemical Company* (New York: McGraw-Hill, 1968).
8. “Bioplastic Feedstock Alliance,” accessed October 06, 2016, http://bioplasticfeedstockalliance.org/who-we-are/.
9. “Bottle Bills in the USA: Michigan,” *Bottle Bill Resource Guide*, http://www.bottlebill.org/legislation/usa/michigan.htm, accessed October 6, 2016.
10. Container Recycling Institute, *Container and Packaging Recycling Update*, newsletter, Fall 2000, http://www.container-recycling.org/assets/pdfs/newsletters/CRI-NL-2001Fall.pdf, accessed October 6, 2016.

第5章　丢弃之旅

1. David H.Guston, “Boundary Organizations in Environmental Policy and Science: An Introduction,” *Science, Technology, & Human Values* 26, no.4 (2001): 399–408.

第7章　“垃圾进来，垃圾出去”

Roger Pielke Jr., *The Honest Broker: Making Sense of Science in Policy and Politics* (Cambridge, UK: Cambridge University Press, 2007), 62.

1. “AB 2058: Not a Tax, a Choice.Make the Best Choice and Bring Reusable Bags,” Bag Monster, http://www.bagmonster.com/2008/08/ab-2058-not-a-tax-a-choice-make-the-best-choice-and-bring-reusable-bags.html, accessed October 6, 2016.

第8章　瓜达卢普循环：再生假象

Thor Heyerdahl, *Kon-Tiki: Across the Pacific by Raft* (Chicago: Rand McNally, 1950), 1.

1. Office of the United States Trade Representative, “The People's Republic of China: US-China Trade Facts,” accessed October 6, 2016, https://ustr.gov/countries-regions/china-mongolia-taiwan/peoples-republic-china.
2. Jeff Gearhart, Karla Peña, and HealthyStuff.org, *The Chemical Hazards in Mardi Gras Beads & Holiday Beaded Garland* (Ann Arbor, MI: Ecology Center, December 5, 2013), http://www.ecocenter.org/sites/default/files/beadreport2013_lowres.pdf.
3. John Tierney, “The Reign of Recycling,” *New York Times*, October 3, 2015, http://www.nytimes.com/2015/10/04/opinion/sunday/the-reign-of-recycling.html.
4. Jack Buffington, The Recycling Myth: *Disruptive Innovation to Improve the Environment* (Santa Barbara, CA: Praeger, 2015).
5. Henry Fund, *Waste Collection & Disposal Services*, Henry B.Tippie School of

Management，February 10，2016，accessed October 6，2016，http://tippie.biz.uiowa.edu/henry/reports16/Waste_Management.pdf.

6. Buffi ngton，*The Recycling Myth*，11.
7. Thomas C.Kinnaman et al.，"The Socially Optimal Recycling Rate：Evidence from Japan，" *Journal of Environmental Economics and Management* 68，no.1（2014）：54–70.
8. Rick Orlov，"Eric Garcetti Signs Waste Franchise Plan to Expand Recycling，" *Los Angeles Daily News*，April 15，2014，http://www.dailynews.com/government-and-politics/20140415/eric-garcetti-signs-waste-franchise -plan-to-expand-recycling.
9. Jillian Jorgensen，"Bill de Blasio Calls for the End of Garbage by 2030，" *Observer*（New York），April 22，2015，http://observer.com/2015/04/bill-de-blasio-calls-for-the-end-of-garbage-by-2030/.
10. Buffington，*The Recycling Myth*，15.
11. "President Bachelet Enacts the Recycling and Extended Producer Liability Law，" press release，Gobierno de Chile，May 26，2016，http://www.gob.cl/president-bachelet-enacts-the-recycling-and-extended-producer-liability-law/.
12. Closed Loop Fund，http://www.closedloopfund.com/，accessed October 7，2016; Conrad MacKerron，"You Say 'Recycling Is Garbage?' Trash That Argument，" GreenBiz，October 12，2015，https://www.greenbiz.com/article/you-say-recycling-garbage-trash-argument.

第9章　浪费惊人　难以估价：循环奇科袋对塑料袋的游说

1. "Lobbying Database，" OpenSecrets.org，accessed October 07，2016，https://www.opensecrets.org/lobby/.
2. Jim Wook，"Joe Garbarino：For More Than 50 Years，Garbage Collection Has Been His Business.Today，What He Collects Is Considered a Commodity，" *Marin*，December 2011，http://www.marinmagazine.com/December-2011/Joe-Garbarino/.
3. Eoin O'Carroll，"Industry Group Fighting Seattle Plastic-Bag Tax，" *Christian Science Monitor*，September 15，2008，http://www.csmonitor.com/Environment/Bright-Green/2008/0915/industry-group-fi ghting-seattle-plastic-bag-tax.
4. "Seattle Plastic Bag Tax，Referendum 1，2009—Ballotpedia，" *Ballotpedia：The Encyclopedia of American Politics*，https://ballotpedia.org/Seattle_Plastic_Bag_Tax，_Referendum_1，_2009，accessed October 7，2016.
5. Chris Grygiel，"Big $：Anti-Seattle Bag Tax Bucks Break Fundraising Records，" *Seattle PI*，August 9，2009，http://blog.seattlepi.com/seattlepolitics/2009/08/09/big-anti-seattle-bag-tax-bucks-break-fundraising-records/?source=rss.

6. Stanislaus, *Advancing Sustainable Materials Management.*
7. Richard Shomura and Howard Yoshida, Proceedings of the Workshop *on the Fate and Impact of Marine Debris: 27–29 November 1984* (Honolulu: US Department of Commerce, National Oceanic and Atmospheric Administration, 1985).
8. Qamar Schuyler et al., "Global Analysis of Anthropogenic Debris Ingestion by Sea Turtles," *Conservation Biology* 28, no.1 (2014): 129–39.
9. Dorothy A.Drago and Andrew L.Dannenberg, "Infant Mechanical Suffocation Deaths in the United States, 1980–1997," *Pediatrics* 103, no.5 (1999), http://pediatrics.aappublications.org/content/pediatrics/103/5/e59.full.pdf.
10. *Smoking and Health Proposal*, Brown & Williamson Records, 1969, Truth Tobacco Industry Documents, https://www.industrydocuments library.ucsf.edu/tobacco/docs/mtfg0138.
11. "Environmental Hazards Control of Pesticides and Other Chemical Poisons," statement before Congress, June 4, 1963, http://rachelcarson council.org/about/about-rachel-carson/rachel-resources/rachel-carsons-statement-before-congress-1963/.
12. Eliza Griswold, "How 'Silent Spring' Ignited the Environmental Movement," *New York Times Magazine*, September 21, 2012, http://www.nytimes.com/2012/09/23/magazine/how-silent-spring-ignited-the-environmental-movement.html?_r=1.

第 10 章　海浪和风车：给生态实用主义者的案例

1. "Former Cabinet Member's Advice: 'Keep Out of Politics,'" *Fresh Air*, National Public Radio, October 5, 2006, http://www.npr.org/templates/story/story.php?storyId=6202342.
2. Emma Marris, *Rambunctious Garden: Saving Nature in a Post-Wild World* (New York: Bloomsbury, 2013).

第 11 章　不断浪费着：海洋清理的命运、误区和幻想

William McDonough, *Cradle to Cradle: Remaking the Way We Make Things* (New York: North Point Press, 2002).

1. Ronald Clark, Einstein: *The Life and Times* (New York: World Publishing, 1971). Remark made during Einstein's first visit to Princeton University, April 1921.
2. Jenna R.Jambeck et al., "Plastic Waste Inputs from Land into the Ocean," *Science* 347, no.6223 (2015): 768–71.
3. Marcus Eriksen et al., "Plastic Pollution in the World's Oceans: More Than 5 Trillion Plastic Pieces Weighing over 250, 000 Tons Afl oat at Sea," *PLOS ONE* 9, no.12 (2014): e111913.

4. Andrés Cózar et al.，“Plastic Debris in the Open Ocean，” *Proceedings of the National Academy of Sciences* 111，no.28（2014）：10239–44.
5. Peter Sherman and Erik van Sebille，“Modeling Marine Surface Microplastic Transport to Assess Optimal Removal Locations，” *Environmental Research Letters* 11，no.1（2016），http://iopscience.iop.org/article/10.1088/1748-9326/11/1/014006/pdf.
6. Kim Martini，“The Ocean Cleanup，Part 2：Technical Review of the Feasibility Study，” *Deep Sea News*，July 14，2014，http://www.deepseanews.com/2014/07/the-ocean-cleanup-part-2-technical-review-of-the-feasibility-study/，accessed October 7，2016.
7. “Interactive Panel Discussion on Utility and Feasibility of Cleaning Up Ocean Plastics，” online video，posted July 22，2014，https://vimeo.com/101430245，accessed October 1，2016; Marinedebris.info.
8. “Fishing for Litter，” KIMO：Local Authorities International Environmental Organisation，accessed October 7，2016，http://www.kimo international.org/fi shing-for-litter/.
9. Eriksen et al.，“Plastic Pollution in the World's Oceans，” e111913.
10. Ibid.
11. Emma Watkins et al.，“Marine Litter：Socio-Economic Study，” *Scoping Report*（London：Institute for European Environmental Policy，June 2，2015），https://www.bundesregierung.de/Content/DE/_Anlagen/G7_G20/2015-06-01-marine-litter.pdf?__blob=publicationFile&v=4.
12. J.R.A.Butler et al.，“A Value Chain Analysis of Ghost Nets in the Arafura Sea：Identifying Trans-Boundary Stakeholders，Intervention Points，and Livelihood Trade-Offs，” *Journal of Environmental Management* 123（2013）：14–25.
13. Mark Anthony Browne et al.，“Accumulation of Microplastic on Shorelines Worldwide：Sources and Sinks，” *Environmental Science & Technology* 45，no.21（2011）：9175–79; Lisbeth Van Cauwenberghe et al.，“Microplastic Pollution in Deep-Sea Sediments，” *Environmental Pollution* 182（2013）：495–99.

第 12 章　合成漂移：人体健康和我们的垃圾

1. Kühn et al.，“Deleterious Effects of Litter on Marine Life.”
2. Lusher et al.，“Microplastic Interactions with North Atlantic Mesopelagic Fish.”
3. Matthew Cole et al.，“Microplastic Ingestion by Zooplankton，” *Environmental Science & Technology* 47，no.12（2013）：6646–55.
4. Marc Long et al.，“Interactions Between Microplastics and Phytoplankton Aggregates：Impact on Their Respective Fates，” *Marine Chemistry* 175（2015）：39–46.
5. Jiana Li et al.，“Microplastics in Commercial Bivalves from China，” *Environmental*

Pollution 207（2015）：190–95.

6. Nate Seltenrich，“New Link in the Food Chain? Marine Plastic Pollution and Seafood Safety，” *Environmental Health Perspectives* 123，no.2（2015）：A34–A41.
7. Paul Farrell and Kathryn Nelson，“Trophic Level Transfer of Microplastic：*Mytilus edulis*（L.）to *Carcinus maenas*（L.），” *Environmental Pollution* 177（2013）：1–3.
8. Chelsea M.Rochman et al.，“Ingested Plastic Transfers Hazardous Chemicals to Fish and Induces Hepatic Stress，” *Scientific Reports* 3（2013）.
9. Mark Anthony Browne et al.，“Microplastic Moves Pollutants and Additives to Worms，Reducing Functions Linked to Health and Biodiversity，” *Current Biology* 23，no.23（2013）：2388–92; Wright et al.，“Microplastic Ingestion Decreases Energy Reserves in Marine Worms.”
10. Rossana Sussarellu et al.，“Oyster Reproduction Is Affected by Exposure to Polystyrene Microplastics，” *Proceedings of the National Academy of Sciences* 113，no.9（2016）：2430–35.
11. Louis J.Guillette Jr.et al.，“Reduction in Penis Size and Plasma Testosterone Concentrations in Juvenile Alligators Living in a Contaminated Environment，” *General and Comparative Endocrinology* 101，no.1（1996）：32–42.
12. Sylvain De Guise et al.，“True Hermaphroditism in a St.Lawrence Beluga Whale（*Delphinapterus leucas*），” *Journal of Wildlife Diseases* 30，no.2（1994）：287–90.
13. Éric Dewailly et al.，“Inuit Exposure to Organochlorines Through the Aquatic Food Chain in Arctic Québec，” *Environmental Health Perspectives* 101，no.7（1993）：618.
14. Jeanett Louise Tang-Péronard et al.，“Endocrine-Disrupting Chemicals and Obesity Development in Humans：A Review，” *Obesity Reviews* 12，no.8（2011）：622–36.
15. Marijke de Cock et al.，“Does Perinatal Exposure to Endocrine Disruptors Induce Autism Spectrum and Attention Defi cit Hyperactivity Disorders? Review，” *Acta Paediatrica* 101，no.8（2012）：811–18.
16. Sascha C.T.Nicklisch et al.，“Global Marine Pollutants Inhibit P-glycoprotein：Environmental Levels，Inhibitory Effects，and Cocrystal Structure，” *Science Advances* 2，no.4（2016）：e1600001.
17. International Seafood Sustainability Foundation，Status of the *Stocks Report*：*Tracking Progress*，accessed October 7，2016，http://iss-foundation.org/about-tuna/status-of-the-stocks/.
18. Dongqi Yang et al.，“Microplastic Pollution in Table Salts from China，” *Environmental Science & Technology* 49，no.22（2015）：13622–27.
19. John L.Pauly et al.，“Inhaled Cellulosic and Plastic Fibers Found in Human Lung Tissue，”

Cancer Epidemiology，*Biomarkers & Prevention* 7，no.5（1998）：419–28.

20. Rachid Dris et al.，"Synthetic Fibers in Atmospheric Fallout：A Source of Microplastics in the Environment?，" *Marine Pollution Bulletin* 104，no.1（2016）：290–93.
21. P.T.Williams，"Dioxins and Furans from the Incineration of Municipal Solid Waste：An Overview，" *Journal of the Energy Institute* 78，no.1（2013）：38–48.
22. Suh-Woan Hu and Carl M.Shy，"Health Effects of Waste Incineration：A Review of Epidemiologic Studies，" *Journal of the Air & Waste Management Association* 51，no.7（2001）：1100–09.
23. Jeremy Thompson and Honor Anthony，"The Health Effects of Waste Incinerators，" *Journal of Nutritional & Environmental Medicine* 15，nos.2–3（2005）：115–56.
24. Committee to Review the Styrene Assessment in the National Toxicology Program 12th Report on Carcinogens，*Review of the Styrene Assessment in the National Toxicology Program on the 12th Report on Carcinogens*（Washington，DC：National Academies Press，2014）.
25. Lawrence Fishbein，"Exposure from Occupational Versus Other Sources，" *Scandinavian Journal of Work*，*Environment & Health*（1992）：5–16.
26. T.D.Lickly et al.，"A Model for Estimating the Daily Dietary Intake of a Substance from Food-Contact Articles：Styrene from Polystyrene Food Contact Polymers，" *Regulatory Toxicology and Pharmacology* 21，no.3（1995）：406–17.
27. Bum Gun Kwon et al.，"Regional Distribution of Styrene Analogues Generated from Polystyrene Degradation Along the Coastlines of the North-East Pacific Ocean and Hawaii，" *Environmental Pollution* 188（2014）：45–49.
28. National Toxicology Program，*13th Report on Carcinogens*（Research Triangle Park，NC：US Department of Health and Human Services，Public Health Service，October 2，2014），https://ntp.niehs.nih.gov/pubhealth/roc/roc13/index.html，accessed October 7，2016.
29. Anna Biró et al.，"Lymphocyte Phenotype Analysis and Chromosome Aberration Frequency of Workers Occupationally Exposed to Styrene，Benzene，Polycyclic Aromatic Hydrocarbons or Mixed Solvents，" *Immunology Letters* 81，no.2（2002）：133–40.
30. José Antonio Brotons et al.，"Xenoestrogens Released from Lacquer Coatings in Food Cans，" *Environmental Health Perspectives* 103，no.6（1995）：608.
31. "World BPA Production Grew by over 372,000 Tonnes in 2012，" Merchant Research & Consulting，https://mcgroup.co.uk/news/20131108/bpa-production-grew-372000-tonnes.html，accessed October 7，2016.
32. E.Burridge，"Bisphenol A：Product Profi le，" *European Chemical News* 17（2003）：14–20.

33. Guergana Mileva et al., "Bisphenol-A: Epigenetic Reprogramming and Effects on Reproduction and Behavior," *International Journal of Environmental Research and Public Health* 11, no.7 (2014): 7537–61.
34. Stephen J.Gould, "The Spice of Life," *Leader to Leader* 15 (2000): 14–19.
35. Elizabeth Kolbert, "A Warning by Key Researcher on Risks of BPA in Our Lives," *Environment 360*, November 24, 2010, http://e360.yale.edu/feature/a_warning_by_key_researcher_on_risks_of_bpa_in_our_lives/2344/, accessed October 7, 2016.
36. Frederick S.vom Saal et al., "Chapel Hill Bisphenol A Expert Panel Consensus Statement: Integration of Mechanisms, Effects in Animals and Potential to Impact Human Health at Current Levels of Exposure," *Reproductive Toxicology* 24, no.2 (2007): 131.
37. US Environmental Protection Agency, "Summary of the Toxic Substances Control Act," https://www.epa.gov/laws-regulations/summary-toxic-substances-control-act, accessed October 7, 2016.
38. Clark Mindock and Viveca Novak, "Toxic Substance Control Act," OpenSecrets.org, May 2015, http://www.opensecrets.org/news/issues/chemical/, accessed October 7, 2016.
39. Elana Schor, "Industry Opposition Scuttles Bipartisan Senate Bid for BPA Curbs," *New York Times*, November 17, 2010, http://www.nytimes.com/gwire/2010/11/17/17greenwire-industry-opposition-scuttles-bipartisan-senate-18943.html.
40. Frederick S.vom Saal and Wade V.Welshons, "Evidence That Bisphenol A (BPA) Can Be Accurately Measured Without Contamination in Human Serum and Urine, and That BPA Causes Numerous Hazards from Multiple Routes of Exposure," *Molecular and Cellular Endocrinology* 398, no.1 (2014): 101–13.
41. Schor, "Industry Opposition Scuttles Bipartisan Senate Bid for BPA Curbs."
42. Jeong-Hun Kang and Fusao Kondo, "Bisphenol A Degradation in Seawater Is Different from That in River Water," *Chemosphere* 60, no.9 (2005): 1288–92.
43. Lucio G.Costa et al., "Polybrominated Diphenyl Ether (PBDE) Flame Retardants: Environmental Contamination, Human Body Burden and Potential Adverse Health Effects," *Acta Biomedica* 79, no.3 (2008): 172–83.
44. Beth C.Gladen et al., "Development After Exposure to Polychlorinated Biphenyls and Dichlorodiphenyl Dichloroethene Transplacentally and Through Human Milk," *Journal of Pediatrics* 113, no.6 (1988): 991–95.
45. Nuria Ribas-Fito et al., "In Utero Exposure to Background Concentrations of DDT and Cognitive Functioning Among Preschoolers," *American Journal of Epidemiology* 164, no.10 (2006): 955–62.
46. Coming Clean Inc., "Campaign for Healthier Solutions," http://www.comingcleaninc.org/

projects/chs，accessed October 7，2016.

47. Chris Gennings et al.，*Chronic Hazard Advisory Panel on Phthalates and Phthalate Alternatives*（Bethesda，MD：US Consumer Product Safety Commission，July 2014），https://www.cpsc.gov/PageFiles/169876/CHAP-REPORT-FINAL.pdf，accessed October 7，2016.
48. Chelsea M.Rochman et al.，"The Ecological Impacts of Marine Debris：Unraveling the Demonstrated Evidence from What Is Perceived，" Ecology 97，no.2（2016）：302–12.

第 13 章　小鱼吃大鱼

1. Christopher Rootes，"Environmental Movements，" in *The Blackwell Companion to Social Movements*，ed.David A.Snow，Sarah Anne Soule，and Hanspeter Kriesi（Malden，MA：Blackwell，2004），67–93.
2. Kyle Stanley and Matt Nejad，"Microbeads in Toothpaste & Face Wash，" *Beverly Hills Dentist*（blog），July 15，2014，http://www.beverly hillsladentist.com/blog/microbeads-toothpaste-face-wash/&source=gmail&ust=1465031888677000&usg=AFQjCNENZfO-X8KLyuSy Mzp9S5Pve-OFRQ，accessed October 7，2016.
3. Center for Media and Democracy，ALEC Exposed，http://www.alec exposed.org/wiki/ALEC_Exposed，accessed October 7，2016.
4. Richard Bloom，"AB 888（Bloom）　—Microbeads OPPOSE Concurrence，Assembly Floor—File Item # 15，" http://blob.capitoltrack.com/15blobs/d7132b11-0537-449e-af99-455f1e2b9b39，accessed Nov.30，2016.
5. Chelsea M.Rochman et al.，"Scientifi c Evidence Supports a Ban on Microbeads，" *Environmental Science & Technology* 49，no.18（2015）：10759–61.
6. Alexander Kaufman，"Obama's Ban on Plastic Microbeads Failed in One Huge Way，" *Huffi ngton* Post，May 23，2016，http://www.huffi ngtonpost.com/entry/obama-microbead-ban-fail_us_57432a7fe4b0613b512ad76b.

第 14 章　塑料迷雾

Alan Weisman，*The World Without Us*（New York：Picador，2007），83.

1. Delphine Lobelle and Michael Cunliffe，"Early Microbial Biofilm Formation on Marine Plastic Debris，" Marine Pollution Bulletin 62，no.1（2011）：197–200.

第 15 章　巨大的鸿沟：线性经济与循环经济

Paul Ormerod，*The Death of Economics*（New York：John Wiley & Sons，1994）.

1. Molly A.Timmers，Christina A.Kistner，and Mary J.Donohue，*Marine Debris of the Northwestern Hawaiian Islands*：*Ghost Net Identifi cation*（Honolulu：US Department of

Commerce, National Oceanic and Atmospheric Administration, National Sea Grant College Program, 2005）.

2. Plastics Europe, *Plastics—the Facts* 2014/2015: *An Analysis of European Plastics Production, Demand and Waste Data*（Brussels: Plastics Europe, February 27, 2015）, accessed October 7, 2016, http://www.plasticseurope.org/documents/document/20150227150049-fi nal_plastics_the_facts_2014_2015_260215.pdf.

3. Stanislaus, *Advancing Sustainable Materials Management.*

4. Martin Engelmann/Plastics Europe, "Zero Plastics to Landfill by 2020", September 2013, accessed October 7, 2016, http://www.plasticseurope.org/documents/document/20131017112406–03_zero_plastics_to_landfi ll_by_2020_sept_2013.pdf.

5. Baishali Adak, "South-East Delhi Residents Demand Toxic Waste Plant Be Shut Down", *India Today*, May 1, 2016, http://indiatoday.intoday.in /story/south-east-delhi-residents-demand-waste-plant-to-be-shut/1/656184.html, accessed October 7, 2016.

6. M.Zafar and B.J.Alappat, "Landfi ll Surface Runoff and Its Effect on Water Quality on River Yamuna", *Journal of Environmental Science and Health*, Part A 39, no.2（2004）: 375–384.

7. Chintan: Environmental Research and Action Group, "No Child in Trash," http://chintan-india.org/initiatives_no_child_in_trash.htm, accessed October 8, 2016.

8. Ocean Conservancy, *Stemming the Tide: Land-Based Strategies for a Plastic-Free Ocean*（2015）, http://www.oceanconservancy.org/our-work /marine-debris/mckinsey-report-fi les/full-report-stemming-the.pdf.

9. Jenna R.Jambeck et al., "Plastic Waste Inputs from Land into the Ocean", *Science* 347, no.6223（2015）: 768–771.

10. "Open Letter to Ocean Conservancy Regarding the Report 'Stemming the Tide'", October 2, 2015, http://www.no-burn.org/downloads/Open_Letter_Stemming_the_Tide_Report_2_Oct_15.pdf, accessed October 7, 2016.

11. Zhao Yusha and Liu Xin, "Incinerators Flout Standards", *Global Times*, July 7, 2016, http://www.globaltimes.cn/content/992772.shtml?from=groupmessage&isappinstalled=0, accessed October 7, 2016.

12. Pascal Fabre et al., *Study of the Incidence of Cancers Close to Municipal Solid Waste Incinerators*（Saint-Maurice: French Institute for Public Health Surveillance, July 2009）, http://opac.invs.sante.fr/doc_num.php?explnum_id=676, accessed October 7, 2016.

13. Cecilia Allen et al., *On the Road to Zero Waste: Successes and Lessons from Around the World*（Berkeley, CA: Global Alliance for Incinerator Alternatives, 2012）, http://www.no-burn.org/on-the-road-to-zero-waste-successes-and-lessons-from-around-the-world,

accessed October 8, 2016.

14. Cecilia Allen, *Community Action Leads Government Toward Zero Waste* (Berkeley, CA: Global Alliance for Incinerator Alternatives, June 2012), http://www.no-burn.org/downloads/ZW Taiwan.pdf, accessed October 7, 2016.
15. Allen et al., *On the Road to Zero Waste.*
16. Ruby Ray and R.B.Thorpe, "A Comparison of Gasifi cation with Pyrolysis for the Recycling of Plastic Containing Wastes," *International Journal of Chemical Reactor Engineering* 5, no.1 (2007).
17. World Economic Forum/Ellen MacArthur Foundation/McKinsey & Company, *The New Plastics Economy: Rethinking the Future of Plastics* (Cowes, UK: Ellen MacArthur Foundation, January 19, 2016), https://www.ellenmacarthurfoundation.org/publications/the-new-plastics-economy-rethinking-the-future-of-plastics, accessed October 7, 2016.
18. "Plastic Pollution Policy Project (P4)," *Upstream*, http://upstreampolicy.org/projects/plastic-pollution-policy-project-p4/, accessed October 8, 2016.

第16章 设计革命

Ray Anderson, *Business Lessons from a Radical Industrialist* (New York: St.Martin's Press, 2009).

1. Paul Anastas and Julie Zimmerman, "Design Through the 12 Principles of Green Engineering," *Environmental Science and Technology* 37, no.5 (April 2003): 94A–101A.
2. Andrew S.Winston, *The Big Pivot: Radically Practical Strategies for a Hotter, Scarcer, and More Open World* (Boston: Harvard Business Review Press, 2014).